DUOCHIDU SHIJIAOXIA
TANPAIFANGQUAN JIAOYI JIAGE
YUCE YU YUJING YANJIU

多尺度视角下
碳排放权交易价格

预测与预警研究

李 慧 / 著

吉林大学出版社

·长春·

图书在版编目（CIP）数据

多尺度视角下碳排放权交易价格预测与预警研究 /
李慧著 . -- 长春：吉林大学出版社 , 2024. 9. -- ISBN
978-7-5768-3717-9
　　Ⅰ . X511
　　中国国家版本馆 CIP 数据核字第 20241JA770 号

书　　名：多尺度视角下碳排放权交易价格预测与预警研究
DUOCHIDU SHIJIAO XIA TANPAIFANGQUAN JIAOYI
JIAGE YUCE YU YUJING YANJIU

作　　者：李　慧 著
策划编辑：李伟华
责任编辑：陈　曦
责任校对：单海霞
装帧设计：中北传媒
出版发行：吉林大学出版社
社　　址：长春市人民大街 4059 号
邮政编码：130021
发行电话：0431-89580036/58
网　　址：http://www.jlup.com.cn
电子邮箱：jldxcbs@sina.com
印　　刷：三河市龙大印装有限公司
开　　本：787mm×1092mm　　1/16
印　　张：15
字　　数：210 千字
版　　次：2025 年 3 月　第 1 版
印　　次：2025 年 3 月　第 1 次
书　　号：ISBN 978-7-5768-3717-9
定　　价：89.90 元

版权所有　翻印必究

前言

  "双碳"目标是以习近平同志为核心的党中央做出的重大战略决策，为顺利实现"双碳"目标，必须充分挖掘碳排放权交易市场的作用。中国碳排放权交易市场有望成为全球最大的碳排放权交易市场，在推动实现"双碳"目标方面具有不可替代的作用。但全国碳排放权交易市场运行时间有限，市场运行体系尚不成熟，价格发现机制并不完善，市场和非市场因素等冲击均可能使碳排放权交易价格出现异常波动，从而造成严重警情，削弱碳排放权交易市场的节能减排作用。在"双碳"目标下，准确地对碳排放权交易价格进行预测和预警，是预防碳排放权交易价格的现存隐患、盘活全国碳排放权交易市场减排活力、助力全国碳排放权交易市场健康发展的重点工作。

  因此，本书以全国碳排放权交易市场中的交易价格为研究对象，以破解碳排放权交易价格预测与预警中的理论及技术瓶颈为研究目标，重点开展碳排放权交易价格预测、警源辨析和预警研究，以期为应对碳排放权交易价格波动风险、促进全国碳排放权交易市场健康发展提供借鉴参考。本书研究内容及结论如下。

  第一，提取了碳排放权交易价格多尺度特征。基于碳排放权交易价格的非线性和混沌性表现，利用变分模态分解法、样本熵和聚类分析法，提取并阐释了碳排放权交易价格的多尺度特征。研究结果显示，碳排放权交易价格短周期子序列的平均周期不足 1 周，主要表征碳排放权交易价格对突发性事件的反映；碳排放权交易价格中周期子序列的平均周期为 2～3 周，主要表征碳排放权交易价格受到重大事件冲击的持续影响；碳排放权交易价格长周期子序列的平均周期达 2～5 个月，主要表征碳排放权交易价格的长期均衡态势。

第二，预测了碳排放权交易价格的未来变化趋势。基于碳排放权交易价格多尺度特征，针对现有组合预测模型的不足，构建了新的碳排放权交易价格预测模型，分析碳排放权交易价格未来趋势。研究结果显示，本书构建的两阶段神经网络优化模型对碳排放权交易价格的样本外预测结果表现出较强的波动性，而且与碳排放权交易价格的历史波动趋势相比，预测结果的波动幅度和波动频率均有所增强，未来一段时间碳排放权交易价格或将面临更高的波动风险。

第三，辨析了碳排放权交易价格波动警源。基于碳排放权交易价格多尺度特征，利用 VAR、脉冲响应函数和方差分解，评估了不同碳排放权交易价格子序列波动警源的冲击效应及其差异性。研究结果显示，不同警源对碳排放权交易价格的冲击作用明显，但冲击程度不一。网络搜索对碳排放权交易价格的冲击最快；宏观经济政策的冲击作用较强，是未来应对碳排放权交易价格警情的重要手段和工具；提前关注空气质量、温度等天气预报，及时了解能源价格和国际碳资产等相关重大事件，能有效预判碳排放权交易的价格变动情况。

第四，给出了碳排放权交易价格预警结果及保障策略。基于碳排放权交易价格预测和警源辨析结果，改进传统预警方法，对碳排放权交易价格进行黑色预警和黄色预警，并基于此设计碳排放权交易价格有效预警的保障策略。研究结果显示，碳排放权交易价格警情具有加剧趋势，但短期内不会出现聚集性重度警情。相比于 2021 年碳排放权交易价格以无警情状态为主，2022 年前 4 个月碳排放权交易价格轻度警情和中度警情相对频繁，但不会出现聚集性重度警情。造成碳排放权交易价格警情加剧的重要原因在于碳排放权交易价格自身韧性不足，因此需要多措并举，增强碳排放权交易价格自身的韧性，助力实现碳排放权交易价格有效预警，促进碳排放权交易市场稳健发展。

本书的创新之处在于：（1）构建了两阶段神经网络优化模型对碳排放权交易价格进行预测，有效解决了碳排放权交易价格的非线性和混沌性难题。本书考虑碳排放权交易价格的多尺度特征，针对非线性和混沌性难题，构建了两阶段神经网络优化模型。一是利用Adaboost算法改进神经网络模型，通过以误差较大的训练个体为靶向训练网络参数，形成强预测器，解决了因处理非线性问题衍生的训练个体误差差异性问题。二是针对处理混沌性问题时衍生的误差叠加和白噪声序列问题，利用优化后的强预测器对组合预测结果进行二次校正，从而有效解决非线性和混沌性难题。（2）挖掘了多尺度视角下碳排放权交易价格波动警源，形成了"三位一体"的碳排放权交易价格波动警源分析框架。本书基于多尺度视角，在传统金融产品价格波动警源分析框架中，纳入行为金融学因素，从理论和实证层面检验了各警源对碳排放权交易价格子序列的冲击效应，实现了碳排放权交易价格子序列物理意义与经济意义的耦合，形成了定性分析与定量分析相结合、理论分析与实证检验相支撑、传统金融学与行为金融学互补充的"三位一体"碳排放权交易价格波动警源分析框架。（3）构建了碳排放权交易价格黑色预警和黄色预警系统，解决了碳排放权交易价格警情状态的预判及应急预警问题。本书构建了涵盖黑色预警和黄色预警的碳排放权交易价格预警系统，并针对碳排放权交易价格的现存问题以及现实隐患，改进了现有预警技术和方法，构建了示性3δ法和AdaboostBPNN预警模型，解决了碳排放权交易价格警情状态的预警问题。

2024年8月19日

目录 / CONTENTS

第1章 绪 论 ·· **001**

    1.1 研究背景与意义 ··· 001

    1.2 研究思路与研究内容 ··· 005

    1.3 研究方法及技术路线 ··· 008

    1.4 主要创新点 ·· 011

第2章 相关研究综述及技术方法阐述 ······················· **013**

    2.1 相关研究综述 ·· 013

    2.2 主要技术方法阐述 ·· 039

    2.3 本章小结 ··· 051

第3章 碳排放权交易价格预测与预警分析框架构建 ………… 052

3.1 框架构建背景分析 ………………………………………… 052
3.2 框架构建要素必要性分析 ………………………………… 068
3.3 碳排放权交易价格机制分析 ……………………………… 071
3.4 框架设计 …………………………………………………… 073
3.5 本章小结 …………………………………………………… 079

第4章 碳排放权交易价格多尺度特征提取 ………………… 081

4.1 多尺度特征提取思路 ……………………………………… 081
4.2 多尺度特征检验 …………………………………………… 083
4.3 多尺度分解与重构 ………………………………………… 087
4.4 多尺度特征阐释 …………………………………………… 092
4.5 本章小结 …………………………………………………… 102

第 5 章　基于多尺度特征的碳排放权交易价格预测 …………… 104

  5.1　评判指标选取 ……………………………………………… 104

  5.2　两阶段神经网络优化模型构建 …………………………… 106

  5.3　两阶段神经网络优化模型预测及结果分析 ……………… 111

  5.4　两阶段神经网络优化模型预测效果对比分析 …………… 116

  5.5　稳健性分析 ………………………………………………… 122

  5.6　本章小结 …………………………………………………… 137

第 6 章　基于多尺度特征的碳排放权交易价格波动警源辨析 …………………………………………………… 140

  6.1　碳排放权交易价格波动警源选择 ………………………… 140

  6.2　短周期子序列波动警源冲击效果评价及辨析 …………… 147

  6.3　中周期子序列波动警源冲击效果评价及辨析 …………… 158

  6.4　长周期子序列波动警源冲击效果评价及辨析 …………… 166

  6.5　波动警源比较分析 ………………………………………… 175

  6.6　本章小结 …………………………………………………… 181

第 7 章　碳排放权交易价格预警系统设计 …………………… **183**

  7.1　基于预测结果的黑色预警 ………………………………… 183

  7.2　基于警源辨析结果的黄色预警 …………………………… 193

  7.3　本章小结 …………………………………………………… 201

第 8 章　碳排放权交易价格有效预警的保障策略设计 ……… **204**

  8.1　搭建碳排放权交易价格智慧化预警平台 ………………… 204

  8.2　完善碳排放权交易市场交易机制 ………………………… 205

  8.3　优化碳排放权交易市场产品结构 ………………………… 206

  8.4　设置激励放宽门槛吸引投资者 …………………………… 207

  8.5　提升中国在国际碳市场中的话语权和地位 ……………… 208

参考文献 ……………………………………………………… **209**

第1章 绪 论

1.1 研究背景与意义

1.1.1 研究背景

20世纪80年代末以来，全球工业经济迅速崛起，温室气体排放猛增，气候变暖问题逐渐成为阻碍全球经济可持续发展的重要因素，世界各国不得不重视这一问题。二氧化碳作为最主要的温室气体，是全球应对气候变暖问题的主要关注对象。1988年，世界气象组织和联合国环境规划署联合成立了联合国政府间气候变化专门委员会（intergovernmental panel on climate change，IPCC），以评估与全球气候变化相关的科学、技术和社会经济信息。IPCC在其第一份评估报告中指出，人类的生产生活中排放了大量的二氧化碳，导致全球温室气体浓度大幅上升。故而，强烈呼吁世界各国合力应对气候变暖问题，共同商讨签署减排条约，携手控制温室气体排放。

为积极应对由温室气体导致的气候变暖问题，世界各国对约束承诺、减排目标以及"共同而有区别"的责任等问题进行了讨论，并先后签署了《联合国气候变化框架公约》《京都议定书》《哥本哈根协议》《巴黎协定》等减排文件。中国作为全球碳排放量最高的国家，一直致力于践行节能减排的绿色低碳发展观。在《巴黎协定》的框架下，中国提出了有力度的国家自主贡献的减排目标，展现大国责任和担当。2020年9月22日，习近平总书记在第75届联合国大会一般性辩论上宣布，中国将提高国家自主贡献力度，采取更加有力的措施，二氧化碳排放力争于2030年前达到峰值，努力争取2060年前实现碳中和。2021年3月5日，第十三届全国人大四次会议开幕，李克强总理在政府工作报告中宣布，要扎实做好碳达峰、碳中和（"双碳"）各项工作，以实际行动为全球应对气候变暖问题做出应有贡献。

在2018年召开的全国生态环境保护大会上，习近平总书记表明，要提高环境治理水平，就必须充分运用市场化手段，完善资源环境价格机制。碳排放权交易市场正是应对气候变暖问题的一种市场化手段，是减少温室气体排放的重要工具。自2013年以来，中国相继运行深圳、北京、天津、上海、广东、湖北、重庆和福建8个碳排放权交易试点市场，并取得良好成效。2017年，中国启动建设全国碳排放权交易市场。2021年2月1日，《碳排放权交易管理办法（试行）》正式生效，加快落实了建设全国碳排放权交易市场的决策部署。2021年7月16日，全国碳排放权交易市场正式启动，助力实现"双碳"目标。虽然目前全球运行时间最长、交易量最大且体系最完善的碳排放权交易市场是跨区域的欧盟碳排放交易体系（European Union Emission Trading System，EU ETS），但是，《2018年碳定价机制发展现状及未来趋势》的数据表明，全国碳排放权交易市场的全球温室气体涵盖比例可能超过EU ETS，位居全球第一[①]。《2021年碳定价机制发展现状及未来趋势》认为，2021年碳定价机制所覆盖的碳排放量占全球碳排放量的21.5%，较2020年的15.1%具有显著影响，而促进这一增长的

---

① World Bank. State and trends of Carbon Pricing 2018［EB/OL］.（2018-05-22）［2024-07-22］. https://openknowledge.worldbank.org/handle/10986/29687.

有力因素是中国全国碳排放权交易市场的启动[①]。因此，全国碳排放权交易市场有望超过 EU ETS 成为全球最大的碳排放权交易市场。

但是，全国碳排放权交易市场运行时间有限，市场尚不成熟，价格发现机制不完善，且局限于现货交易，缺少风险分担工具。碳排放权交易市场与金融市场间的信息传递，导致碳排放权交易价格极易受到市场因素的冲击。同时，在当下的融媒体时代，气候、重大公共卫生事件、国内外突发事件等非市场因素也能迅速影响碳排放权的交易价格，不仅给碳排放权交易市场造成不同时间尺度的影响，也给应对碳排放权交易价格波动风险带来新的挑战。例如，2006 年 5 月，EU ETS 因核证数据泄露，导致碳排放权交易价格大幅下降，且核证数据泄露对碳排放权交易价格的影响持续了近 1 个月。在市场和非市场因素等冲击下，中国碳排放权交易价格历史趋势表明，碳排放权交易价格具有波动剧烈、"停滞"频现、活跃度低等方面的隐患。这些隐患意味着碳排放权交易价格具有较高的不确定性。对于碳排放权交易市场的投资者而言，将增加投资风险，不利于投资者有效参与碳排放权交易，从而打击投资者的积极性；对于碳排放权交易市场的监管者而言，将提高对碳排放权交易市场的管理难度，削弱碳排放权交易市场的节能减排作用。

应对碳排放权投资风险，解决碳排放权交易市场管理难题，推动碳排放权交易市场健康发展，需要及时预防碳排放权交易价格的现存隐患。但是，目前针对这一问题缺乏一套科学完整的解决方案。"凡事预则立"（顾海兵，1997），对碳排放权交易价格进行预测，不仅有利于判断碳排放权交易价格的未来趋势，而且能为预判碳排放权交易价格警情提供重要支撑。对碳排放权交易价格进行预警，不仅能判定碳排放权交易价格预测结果是否表现出警情，还能进一步明确碳排放权交易价格将表现出何种警情，以及造成这种警情的"诱因"。准确地对碳排放权交易价格进行预测和预警，是及时预防碳

[①] World Bank. State and trends of Carbon Pricing 2021 [EB/OL]. (2021-05-25) [2024-07-22]. https://openknowledge.worldbank.org/handle/10986/35620.

排放权交易价格的现存隐患，保障碳排放权交易市场发挥节能减排作用的关键所在。因此，在"双碳"目标下，依据碳排放权交易市场的运行现状以及碳排放权交易价格的演变特征，把握碳排放权交易价格的未来趋势，挖掘导致碳排放权交易价格出现波动的警源因子，预判碳排放权交易价格警情，是预防碳排放权交易价格的现存隐患、盘活全国碳排放权交易市场减排活力、助力全国碳排放权交易市场健康发展的重点工作。

1.1.2 研究意义

在碳排放权交易市场金融化的趋势下，碳排放权交易价格各影响因素间的关联性逐渐增强，彼此之间存在更加复杂的相互作用关系，并通过多种渠道传递市场信息，对碳排放权交易价格形成了不同时间尺度的影响，从而增加了碳排放权交易价格的不确定性，加剧了碳排放权交易价格的波动风险。因此，构建碳排放权交易价格预测与预警分析框架，提取碳排放权交易价格多尺度特征，有效预测碳排放权交易价格，辨析碳排放权交易价格致警警源，及时发现碳排放权交易价格警情，对碳排放权交易市场投资者制定投资决策、监管部门防范风险都具有重要的理论意义和实际应用价值。

理论意义方面，有利于完善碳排放权交易价格预测与预警理论体系。一是构建碳排放权交易价格预测与预警分析框架，能在一定程度上弥补碳排放权交易价格预测与预警理论框架缺失这一不足。二是诠释碳排放权交易价格多尺度特征的经济内涵及其波动机理，对厘清碳排放权交易价格多尺度经济的意义具有一定的理论价值。三是构建两阶段神经网络优化模型，优化神经网络预测系统，同时改进传统预警方法，对丰富碳排放权交易价格预测模型和预警技术具有一定的理论意义。

实际应用价值方面，有利于为投资者和监管者防范化解碳排放权交易价格波动风险提供借鉴。一是拓展碳排放权交易价格预测模型，提高碳排放权交易价格的预测精确度，有利于预判碳排放权交易价格未来的涨跌态势，帮助投资者及时防范碳排放权交易价格剧烈的波动风险，并帮助投资者制订安全的波动风险应对计划、全面的避险策略以及合理的投资决策。二是通过辨析碳排放权交易价格波动警源，以及对碳排放权交易价格的预警，能提前预判碳排放权交易价格的警情，有利于监管者对碳排放权交易价格可能存在的波动风险及时制定应对策略，降低外界因素对碳排放权交易价格的冲击，促进碳排放权交易市场的稳健发展。

1.2 研究思路与研究内容

1.2.1 研究思路

本书立足于"双碳"目标和低碳经济发展理念，着力解决"多尺度视角下碳排放权交易价格预测与预警研究"这一科学问题。本书以全国碳排放权交易市场中的交易价格为研究对象，基于碳排放权交易价格波动剧烈、脆弱性强这一现实问题，针对碳排放权交易价格趋势判断局限及有效预警缺失这一瓶颈，从碳排放权交易价格的多尺度特征切入，利用变分模态分解法、神经网络模型、遗传算法、Adaboost算法以及向量自回归模型等研究方法，以识别碳排放权交易价格的多尺度特征、提高碳排放权交易价格预测的准确性、实现对碳排放权交易价格的有效预警为目标，以期为破解碳排放权交易价格预测与预警难题、提高碳排放权交易市场的稳健性提供借鉴参考。

本书按照"预测与预警分析框架构建—多尺度特征提取—碳排放权交易价格预测—碳排放权交易价格波动警源辨析—碳排放权交易价格预警与保障"的轴线展开研究。首先，剖析构建碳排放权交易价格预测与预警分析框架的背景，基于碳排放权交易市场的现存问题，以及碳排放权交易价格的现实隐患，阐述碳排放权交易价格预测与预警分析框架构建要素的必要性，结合现有研究的不足，设计碳排放权交易价格预测与预警分析框架。其次，从碳排放权交易价格的实际波动情况出发，检验并提取碳排放权交易价格多尺度特征，并从碳排放权交易价格子序列物理意义和经济意义耦合的角度，阐释碳排放权交易价格的多尺度特征，明确碳排放权交易价格的内在运行轨迹。再次，基于碳排放权交易价格的多尺度特征，针对现有预测模型的不足，构建新的碳排放权交易价格预测模型，分析排放权交易价格未来趋势，把握碳排放权交易价格波动状态。从次，考虑碳排放权交易价格的多尺度特征，评价碳排放权交易价格波动警源的冲击效应及其差异性，辨析碳排放权交易价格波动警源。最后，基于碳排放权交易价格的预测结果，开展碳排放权交易价格黑色预警；基于碳排放权交易价格波动警源的辨析结果，进行碳排放权交易价格黄色预警；结合碳排放权交易价格预测与预警结果，设计碳排放权交易价格有效预警的保障策略，从而完成多尺度视角下碳排放权交易价格预测与预警研究。

1.2.2 研究内容

本书研究内容主要包括以下 8 个部分。

第 1 章，绪论。该部分首先阐述本书的研究背景和研究意义，明确本书的选题背景及意义所在。其次，阐明本书的研究思路和研究内容，介绍研究方法和技术路线，明确本书的研究框架及研究逻辑。最后，提炼本书的主要创新点，明晰本书研究的贡献所在。

第 2 章，相关研究综述及技术方法阐述。该部分主要从碳排放权交易价格影响因素、碳排放权交易价格预测，以及碳排放权交易价格预警 3 个方面梳理国内外相关研究动态，总结现有研究的有益研究成果以及亟须弥补的不足，并对本书涉及的主要技术方法原理进行阐述，为后文开展研究提供依据与支撑。

第 3 章，碳排放权交易价格预测与预警分析框架构建。首先，从碳排放权交易市场发展历程、运行机制和运行效果 3 个方面，剖析碳排放权交易价格预测与预警分析框架构建背景。其次，基于碳排放权交易价格的现实表现及现存隐患，探究碳排放权交易价格预测与预警分析框架构建要素的必要性。再次，结合外部性、科斯定理、均衡价值和溢出效应等理论，剖析碳排放权交易价格的形成机制。最后，针对碳排放权交易市场的现实问题以及碳排放权交易价格的现存隐患，考虑现有研究的不足，着眼于投资者及监管者的现实需求，设计碳排放权交易价格预测与预警分析框架。

第 4 章，碳排放权交易价格多尺度特征提取。首先，阐述碳排放权交易价格多尺度特征的提取思路，明晰碳排放权交易价格特征提取的过程与步骤。其次，基于碳排放权交易价格的历史趋势，结合描述性统计分析，以及 Jarque-Bera 检验和 Lilliefors 检验，验证碳排放权交易价格是否可能具有多尺度特征。再次，基于碳排放权交易价格的现实表现，利用变分模态分解法对碳排放权交易价格进行分解，并以样本熵为依据，利用聚类分析法重构碳排放权交易价格多尺度子序列。最后，基于碳排放权交易价格多尺度子序列的物理特征与经济意义耦合的视角，阐释碳排放权交易价格多尺度特征。

第 5 章，基于多尺度特征的碳排放权交易价格预测。首先，选择碳排放权交易价格预测效果的评判指标，确定衡量预测结果有效性和精准性的评判指标。其次，剖析现有碳排放权交易价格预测模型的缺陷与不足，并基于此对现有模型进行优化，构建新的碳排放权交易价格预测模型。再次，设置碳排放权交易价格预测模型的参数，并利用新构建的模型对碳排放权交易价格进行预测，分析碳排放权交易价格预测结果。最后，将本书构建的碳排放权交易价格预测模型的预测效果与单一模型、不考虑多尺度特征的模型，以及其他多尺度分解模型等基准模型的预测效果进行比较，验证本书构建的碳排放权交易价格预测模型的有效性，并从多市场预测和多步预测两方面检验本书构建的碳排放权交易价格预测模型的稳健性。

第 6 章，基于多尺度特征的碳排放权交易价格波动警源辨析。首先，从能源价格、国际碳资产、宏观经济政策、天气，以及网络搜索等方面选择碳排放权交易价格波动警源。其次，基于碳排放权交易价格多尺度分解与重构结果，分别挖掘不同碳排放权交易价格子序列波动警源。最后，从组内警源和组间警源两个角度，对碳排放权交易价格波动警源进行对比分析。

第7章，碳排放权交易价格预警系统设计。首先，基于碳排放权交易价格的预测结果，对碳排放权交易价格进行黑色预警，判别碳排放权交易价格的整体警情状态。其次，考虑到黑色预警只能给出预警结果，进一步基于碳排放权交易价格波动警源的辨析结果，对碳排放权交易价格进行黄色预警，挖掘造成碳排放权交易价格警情的深层原因。

第8章，碳排放权交易价格有效预警的保障策略设计。结合碳排放权交易价格的预测结果、警源辨析结果以及预警结果，设计碳排放权交易价格有效预警的保障策略。

1.3 研究方法及技术路线

1.3.1 研究方法

本书在梳理国内外学者关于数据分解、时间序列预测、警源分析，以及经济预警等相关研究的基础上，主要采用以下研究方法对多尺度视角下碳排放权交易价格预测与预警问题进行研究。

（1）变分模态分解法。运用变分模态分解法，对碳排放权交易价格进行分解，初步剥离碳排放权交易价格的多尺度特征；鉴于碳排放权交易价格分量复杂度对碳排放权交易价格预测及警源辨析的阻碍，基于样本熵对分解后的碳排放权交易价格分量进行重构，从而得到碳排放权交易价格多尺度子序列。

（2）神经网络模型。以反向传播神经网络（back propagation neural

network，BPNN）、Elman 神经网络（elman neural network，ENN）为基准的神经网络模型，基于碳排放权交易价格多尺度特征，针对现有预测模型的不足，构建组合优化后的神经网络模型，实现对碳排放权交易价格的有效预测。

（3）遗传算法。考虑到基准神经网络模型的缺点，利用遗传算法对基准神经网络模型进行优化，基于遗传算法优化后的神经网络模型，对分解后的碳排放权交易价格子序列进行预测。

（4）Adaboost 算法。考虑到基准神经网络模型的缺点，以及现有优化算法的不足，利用 Adaboost 算法对基准神经网络模型进行优化，采用 Adaboost 算法优化后的神经网络模型，对碳排放权交易价格进行预测。

（5）向量自回归模型。运用向量自回归模型探究警源对碳排放权交易价格的影响，并进一步利用脉冲响应函数和方差分解，检验警源对碳排放权交易价格的冲击效应及其差异性，从而辨析碳排放权交易价格波动警源。

（6）示性 3δ 法。基于 3δ 法，考虑碳排放权交易价格"停滞"频现、活跃度低等隐患，对 3δ 法进行改进，构建示性 3δ 法，划分碳排放权交易价格预警警限和警度。

1.3.2 技术路线

本研究的技术路线见图1-1。

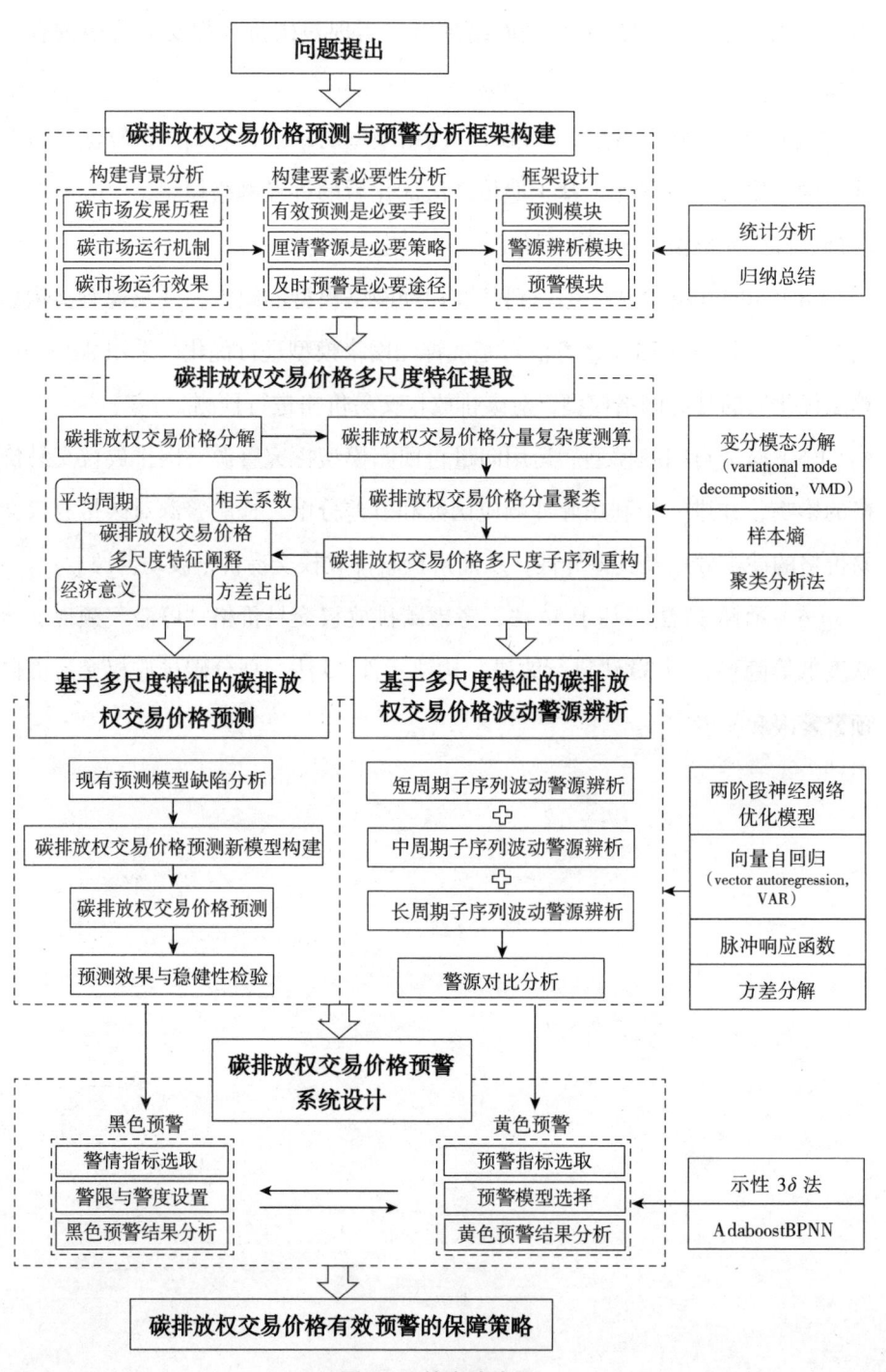

图1-1 技术路线图

1.4 主要创新点

（1）构建了两阶段神经网络优化模型，对碳排放权交易价格进行预测，有效解决了碳排放权交易价格的非线性和混沌性难题。针对碳排放权交易价格的非线性和混沌性问题，现有研究将碳排放权交易价格分解后，往往对训练样本"一视同仁"，忽略了训练个体误差的差异性，而将碳排放权交易价格子序列预测结果直接加总，造成了误差叠加，且忽略了处理混沌性问题时加入的白噪声序列。基于此，本书考虑碳排放权交易价格的多尺度特征，针对非线性和混沌性问题，构建了两阶段神经网络优化模型。一是利用Adaboost算法改进神经网络模型，通过以误差较大的训练个体为靶向训练网络参数，形成强预测器，解决因处理非线性问题衍生的训练个体误差差异性问题。二是针对处理混沌性问题时衍生的误差叠加和白噪声序列问题，利用优化后的强预测器对组合预测结果进行二次校正，从而有效解决非线性和混沌性难题。

（2）挖掘了多尺度视角下碳排放权交易价格波动警源，形成了"三位一体"的碳排放权交易价格波动警源分析框架。现有研究对碳排放权交易价格波动警源的分析多局限于直接以碳排放权交易价格为研究对象，忽略了碳排放权交易价格的多尺度特征。本书考虑碳排放权交易价格多尺度特征的经济内涵，在传统金融产品价格波动警源分析框架中，纳入行为金融学因素，从理论层面探究了能源价格、国际碳资产、宏观经济政策、天气和网络搜索等市场和非市场警源对碳排放权交易价格的影响机理。同时，结合实证分析检验了各警源对碳排放权交易价格子序列的冲击效应，实现了碳排放权交易价格子序列物理意义与经济意义的耦合，形成了定性分析与定量分析相结合、理论分析与实证检验相支撑、传统金融学与行为金融学互补充的"三位一体"碳排放权交易价格波动警源分析框架。

（3）构建了碳排放权交易价格黑色预警和黄色预警系统，解决了碳排放权交易价格警情状态的预判及应急预警问题。现有研究主要停留在碳排放权交易价格预测层面，为数不多的碳排放权交易价格预警研究也以"嫁接技术"为主，忽视了碳排放权交易价格"停滞"频现、活跃度低等现实隐患。基于此，本书构建了涵盖黑色预警和黄色预警的碳排放权交易价格预警系统，并针对碳排放权交易价格的现实表现以及现存隐患，改进了现有预警技术和方法，构建了示性 3δ 法和 AdaboostBPNN 预警模型，解决了碳排放权交易价格警情状态的预警问题。

第2章 相关研究综述及技术方法阐述

碳排放权交易市场作为应对气候变暖问题、减少温室气体排放的新型市场化手段，自其诞生以来持续受到学者们的广泛关注。碳排放权交易价格作为碳排放权交易市场的核心要素，对揭示碳排放权交易市场运行状态具有重要作用。厘清碳排放权交易价格的研究进展，不仅有利于明晰碳排放权交易价格的演变规律，而且有助于把握现有相关研究的不足，从而明确碳排放权交易价格未来研究的方向与重点问题。因此，本章将梳理国内外研究成果，并进一步提炼现有研究的成就与不足。此外，本章还将阐述本书研究所涉及的主要技术方法的原理内容，为后文开展研究提供理论与技术支持。

2.1 相关研究综述

通过梳理现有研究关于碳排放权交易价格的相关文献，本章将从碳排放权交易价格的影响因素研究、碳排放权交易价格的预测研究以及碳排放权交易价格的预警研究三方面对相关研究进行综述。

2.1.1 碳排放权交易价格影响因素研究

碳排放权交易价格由于受到一系列不确定因素的影响，而呈现出非线性特征，碳排放权交易价格波动表现出显著的复杂性（凤振华 等，2011）。国内外碳排放权交易价格影响因素研究表明，碳排放权交易价格影响因素错综复杂。通过梳理国内外相关研究，本章将碳排放权交易价格的主要影响因素分为能源价格、宏观经济政策、天气、国际碳资产、网络搜索以及其他因素。其中，关于能源价格、宏观经济政策和天气对碳排放权交易价格影响的分析出现最早，也最为丰富，但很快学者们便引入了国际碳资产、网络搜索等因素。

2.1.1.1 能源价格因素

碳排放权交易价格的变化与化石能源的燃烧以及电力生产有着密切联系。能源价格变化不仅会使得控排企业对能源的需求发生变化，进而致使控排企业对碳排放权的需求有所改变，导致碳排放权交易价格产生波动，而且碳排放权交易价格和能源价格的波动会影响控排企业的生产成本，从而影响控排企业投资生产决策，并对能源价格产生显著的反馈作用，进而再对碳排放权的交易价格产生影响。基于以上关系，学者们持续探究了能源价格对碳排放权交易价格的影响。由于国内外碳排放权交易市场的启动时间相差较长，且国内外能源市场和碳排放权交易市场的运行机制有异，故能源价格因素方面，现有研究主要分为以国际碳排放权交易价格为研究对象和以国内碳排放权交易价格为研究对象。

（1）能源价格对国际碳排放权交易价格的影响研究

关于能源价格对碳排放权交易价格的影响，早期研究中，Springer

（2003）通过总结25个分析温室气体许可证价格驱动因素的理论模型，指出能源价格是温室气体许可证价格波动的主要驱动因素。同时，Christiansen和Wettestad（2003）也认为碳排放权交易价格的变化与能源价格密切相关。2005年，欧盟碳排放交易体系（EU ETS）正式成立后，关于碳排放权交易市场的研究逐渐成为热点。Kanen（2006）发现原油价格通过作用于天然气价格和电力价格，间接对碳排放权交易价格产生影响。Reilly等（2007）也指出由于天然气价格升高会拉升对电力的需求，从而刺激市场因发电燃烧化石燃料而排放更多的二氧化碳，使得整体上对碳排放权的需求上升，碳排放权交易市场供不应求，从而抬升碳排放权交易价格。上述研究主要通过理论推导模型，定性分析能源价格对碳排放权交易价格的影响。Mansanet-Bataller等（2007）和Alberola等（2008a）等研究将碳排放权交易价格和能源价格的关系进行了定量分析拓展，创新性地引入多元回归挖掘能源价格和碳排放权交易价格的经济学关系，且均发现天然气、煤炭、石油等能源的价格与碳排放权交易价格之间的关系较为紧密。随后，Kara（2008）则进一步发现电力价格对碳排放权交易价格也具有显著的价格增长效应。自此，学者们普遍认同了天然气、煤炭、石油和电力等能源的价格对碳排放权交易价格的影响。

上述相关研究仅证明了能源价格对碳排放权交易价格是否有影响，但并未挖掘能源价格对碳排放权交易价格的影响渠道和影响路径。Bunn和Fezzi（2007）采用结构性协整VAR模型分析了天然气价格、电力价格对碳排放权交易价格的冲击传导效应，发现电力均衡价格与碳排放权交易价格之间存在显著的关系。Chevallier（2009）认为电力企业若利用天然气替代煤炭，则发电过程中可大大减少温室气体排放量，从而通过降低碳排放权的需求影响碳排放权交易价格。陈晓红和王陟昀（2012）发现能源价格是欧盟碳排放配额（European Union Allowance，EUA）价格的主要驱动因素，主要通过影响碳排放权交易市场供需关系，对碳排放权交易价格造成冲击。张跃军和魏一鸣（2010）则进一步探究了能源价格对碳排放权交易价格的影响效应，研究结果发现能源价格与碳排放权交易价格之间存在协整关系，这种关系保持长期均衡，而且比例不断变化。Lutz 等（2013）也认为 EUA 价格与能源价格之间存在时变相关性，且能源价格对碳排放权交易价格的低波动区间和高波动区间都具有强烈影响，其中在低波动区间，煤炭价格和石油价格均对碳排放权交易价格具有正向作用，而在高波动区间，仅煤炭价格对碳排放权交易价格产生正向影响。

（2）能源价格对国内碳排放权交易价格的影响研究

不同于国际碳排放权交易市场中天然气、煤炭、石油、电力等能源价格均对碳排放权交易价格具有显著影响，郭文军（2015）认为中国能源市场在一定程度上受政府调控，能源价格并未完全市场化，当能源价格受到外部冲击时，政府能及时通过补贴等措施缓解外部冲击，从而只有石油价格对碳排放权交易价格具有显著影响。与此相反，吕靖烨等（2021）则认为碳排放权交易价格对煤炭价格具有很高的灵敏度，而对石油价格变化的反应较为迟钝。王庆山和李健（2016）则通过构建时变参数模型，发现碳排放权交易价格虽然受国内石油价格的影响不明显，但是国际石油价格对国内碳排放权交易价格有显著影响，而且在考虑碳排放权分配模式的情况下，煤炭价格对碳排放权交易价格也有提升作用。陈欣等（2016）也认可在产业结构约束和电价市场化程度有限的条件下，煤炭和石油价格均对碳排放权交易价格具有推升作用。Zhou 和 Li（2019）结合脉冲响应函数和协整分析，发现能源价格不仅对碳排放权交易价格具有显著影响，而且二者间还存在长期均衡关系。

综上所述，关于能源价格因素，现有研究主要探讨了碳排放权交易价格与天然气价格、煤炭价格、石油价格、电力价格等能源价格之间的关系。总体而言，一是研究方法选择上不尽相同。如利用协整分析（张跃军、魏一鸣，2010）、格兰杰因果检验（赵静雯，2012）、VAR 模型（崔婕 等，2018）、固定效应模型（白强 等，2021）等，分析碳排放权交易价格与天然气价格、电力价格、煤炭价格和石油价格的相关关系，从而推导出碳排放权交易价格与能源价格之间的影响关系及影响机理。二是研究结论存在明显的差异性。

大部分研究均认同能源价格对碳排放权交易价格的影响显著。具体而言，化石能源价格方面，天然气价格、煤炭价格和石油价格等通过影响碳排放权交易市场供需平衡，对碳排放权交易价格造成冲击；电力价格方面，由于化石能源间具有明显的替代效应，所以电力企业可以根据化石能源的绝对价格以及其他替代燃料的相对价格制定决策，变更燃料结构，从而通过间接影响碳排放权交易市场需求，使得碳排放权交易价格发生波动（Delarue et al.，2007；Keppler et al.，2010）。但是也有个别研究的研究结论与上述研究存在差异。就国际碳排放权交易市场而言，部分学者认为电力价格与 EUA 期货价格呈正相关，天然气价格与之呈负相关，而煤炭价格对其影响不显著（Bataller et al.，2009；吕靖烨 等，2019）。还有部分学者觉得能源价格和碳排放权交易价格在一定程度上是相互独立的（Nazifi et al.，2010）。就中国碳排放权交易市场而言，白强等（2022）也认为能源价格对碳排放权交易价格的影响不显著。

2.1.1.2　宏观经济政策因素

宏观经济政策主要通过政策工具调控经济发展，不管是"利好"还是"利空"的调控，都会直接影响工业生产以及市场活力，从而对碳排放权交易价格造成冲击（沈洪涛 等，2019）。一方面，宏观经济政策若提高纳入控排企业的碳排放门槛，即纳入控排的企业较少，则市场活力不足，碳排放权交易价格将表现低迷；若提高减排违约惩罚力度，则会刺激市场需求，从而拉升碳排放权交易价格（吴慧娟 等，2020）。另一方面，宏观经济政策对经济具有直接调控作用，而二氧化碳的排放主要源于工业生产活动。一般而言，若经济发展较快，工业生产所需的原材料和能源越多，控排企业对碳排放权的需求相应增加，从而拉升碳排放权交易价格；相反，若经济发展处于低迷期，工业活动减少，碳排放权需求则相应下降，碳排放权交易价格自然就难以上涨（Chevallier，2011a，吕靖烨 等，2019）。根据研究对象，相关研究主要分为宏观经济政策对国际碳排放权交易价格的影响，以及对中国碳排放权交易价格的影响。

（1）宏观经济政策对国际碳排放权交易价格的影响研究

国外学者主要以 EUA 为研究对象，探讨欧洲工业部门与碳排放权交易价格的关系，研究结果显示德国、西班牙、波兰、英国工业部门活动对碳排放权交易价格均会产生影响，其中德国电力生产活动对碳排放权交易价格的影响最为明显（Alberola et al., 2008a; Chevallier, 2009）。Durand 等（2011）采用一般均衡模型分析了全球经济复苏不确定性对碳排放权交易价格的影响。与此同时，Declercq 等（2011）探究了经济衰退对电力行业碳排放权需求的影响，通过反事实情景模拟，发现 2008 年的经济衰退使得欧洲电力企业的碳排放量减少了大约 1.5 亿吨，导致碳排放权交易价格走低。Chevallier（2011b）选择工业生产指数作为宏观经济代理变量，考虑繁荣期和衰退期，构建 MSVAR 模型，研究结果表明在繁荣期内，宏观经济变量对碳排放权交易价格具有正向作用，而在衰退期内，宏观经济变量对碳排放权交易价格产生负向影响。Chevallier（2011c）则通过进一步构建两区制阈值矢量误差校正和两状态马尔可夫转换 VAR 模型，发现工业生产与碳排放权交易价格之间存在非线性关系，且宏观经济活动会通过滞后期影响碳排放权交易价格。

（2）宏观经济政策对国内碳排放权交易价格的影响研究

国内学者主要以中国 8 个碳排放权交易试点市场为研究对象，选取汇率、国内外经济状况和制造业采购经理指数作为宏观经济政策的替代变量，探究宏观经济政策对碳排放权交易价格的影响。虽然选择不同的替代变量来代表宏观经济，但是得到了比较一致的结论。研究结论显示，上证工业指数对碳排放权交易价格表现出显著影响，但是对碳排放权交易价格试点市场的影响存在差异性（王倩 等，2015）；汇率、国内外经济状况对碳排放权交易价格的影响较为显著（郭文军，2015）；具有高碳排放特点的行业收益率与碳排放权交易价格具有显著的负相关关系（陶春华，2015）；制造业采购经理指数对中国碳排放权交易价格也具有明显作用（陈欣 等，2016）。

2.1.1.3 天气因素

难以预测的天气变化会影响控排企业对能源的需求，从而使得控排企业对碳排放权的需求也发生相应变化，从而致使碳排放权交易价格发生震荡（易兰等，2017）。现有研究主要从温度和空气质量两个方面，探究天气因素对碳排放权交易价格的影响，而研究结论呈现出多样化的特征。

（1）温度对碳排放权交易价格的影响研究

Alberola 等（2008a）认为碳排放权交易价格受天气条件影响，其中冷天气的季节调整比极端冷天气本身对碳排放权交易价格的影响更大，然而极端高温天气不存在这样的情况。而且，Hintermann（2010）在有效市场假说的基础上，针对碳排放权交易价格构建了结构模型，研究结果也发现季节性的极寒天气对碳排放权交易价格具有显著影响，但是极热天气却对碳排放权交易价格没有影响。但是，Mansanet-Bataller 等（2007）却认为只有极端高温才会影响碳排放权交易价格。刘维泉和张杰平（2012）认为，揭示出现这两种截然相反结论的原因是欧盟碳交易市场第一阶段并未形成一个有效市场，EUA 期货价格受到异常气候的影响是因为当时该市场不完善的市场机制。如以风速、降水、温度等天气因素为例，研究结论显示在 EU ETS 处于第一阶段时，风速、降水、温度对 EUA 期货价格的影响不够明显，仅在 EU ETS 处于第二阶段时，温度表现出正向影响（陈晓红 等，2012）。邹亚生和魏薇（2013）认为，温度对碳排放权交易价格存在先行引导作用，原因在于碳排放权交易市场将异常高温天气认定为碳排放量增多、气候变暖问题愈发严峻的信号，从而会促使控排企业面临更加严厉的减排措施，增强碳排放权交易市场的预期需求，进一步抬升碳排放权交易价格。但 Zhao 等（2017）则认为，温度对碳排放权交易价格的影响不能一概而论，当气温升高时，会引起北京和湖北碳排放权交易价格攀升，但广州、上海、深圳和天津碳排放权交易价格则会下降。此外，杜子平和刘富存（2018）则基于遗传算法-反向传播神经网络（genetic algorithm-back propagation neural network，GA-BPNN）模型发现，温度对碳排放权交易价格不存在明显影响。

（2）空气质量对碳排放权交易价格的影响研究

空气质量不仅能体现天气状况，还能表征环境变化，环境越恶劣，空气质量越差，碳排放权交易价格则越高（周天芸 等，2016）。李谊（2020）也认为空气质量对碳排放权交易价格呈现负向作用，原因在于当空气质量变差时，释放了空气污染严重的信号，对此政府会通过行政手段控制污染物排放，比如提高碳排放权交易定价。Han 等（2019）基于混频-神经网络模型发现碳排放权交易价格对空气质量的变化非常敏感。Wen 等（2022）以广东、湖北和深圳碳排放权交易价格为研究对象，发现空气质量对碳排放权交易价格具有显著作用，尤其是对深圳碳排放权交易价格的作用最为强烈。但是刘建和等（2020）的研究表明空气质量对中国碳排放权交易价格的冲击有限。

2.1.1.4　国际碳资产因素

国际碳资产不仅能削弱政府对碳排放权交易最低价格的保护作用，以及企业关于清洁发展机制项目（clean development mechanism，CDM）谈判的议价优势，而且能通过碳排放权交易市场中波动风险的传导，加剧中国碳排放权交易市场波动风险（杨超 等，2011）。因此，越来越多的学者在考察碳排放权交易价格的影响因素时，都会将国际碳资产因素纳入参考范围。

一方面，CDM 作为发达国家与发展中国家之间合作的减排项目，搭建起了发达国家和发展中国家之间碳排放权交易的桥梁，同时也成为国际碳资产波动风险向中国碳排放权交易市场传导的重要渠道（刘丽伟 等，2013）。马慧敏和赵静秋（2016）认为，国际碳资产价格低迷会使中国碳排放权交易市场对 CDM 更具吸引力，从而提升中国碳排放权交易活跃度。

另一方面，全球碳排放权交易市场具有协同性，在此背景下，国际碳资产必然对中国碳排放权交易价格形成机制造成影响（邹绍辉 等，2018）。邹绍辉和张甜（2018）基于 VAR 模型，通过格兰杰因果检验和脉冲响应函数发现，国际碳资产和中国碳排放权交易价格间表现出长期稳定的单向因果关系，即国内碳排放权交易价格对国际碳资产价格的影响较弱，而国际碳资产价格对中国碳排放权交易价格具有显著影响。郭文军（2015）则利用自适应 Lasso 发现国际碳资产对中国碳排放权交易价格不具有显著影响。但魏宇等（2022）怀疑其利用的自适应 Lasso 无法准确刻画国际碳资产对中国碳排放权交易价格的影响，并基于时变参数回归模型的动态模型和动态平均模型开展进一步分析，研究结果发现中国碳排放权交易价格在大部分情况下对国际碳资产的冲击较为敏感。此外，Wang 等（2019）基于内核灰色关联分析（inscribed cored grey relational analysis，IC-GRA）模型发现国际碳资产与湖北、深圳、广东、上海、福建、天津和重庆 7 个试点市场的碳排放权交易价格均高度相关。但是，杜子平和刘富存（2018）却认为国际碳资产对中国碳排放权交易价格的冲击并不明显。

2.1.1.5 网络搜索因素

关于网络搜索对经济领域的影响，目前，相关研究主要涉及居民消费价格指数（consumer price index，CPI）（张崇 等，2012；张虎 等，2020）、股票市场（张谊浩 等，2014；刘志峰 等，2020）、大宗商品期货价格（袁先智 等，2021）以及房地产市场（董倩 等，2014；王博永 等，2014）等方面。关于网络搜索对碳排放权交易价格的影响研究相对较少。为了探究网络搜索是否对碳排放权交易价格具有冲击作用，向为民和钟朝（2020）通过构建 VAR 模型，结合脉冲响应分析和方差分解分析，发现百度搜索指数对中国碳排放权交易价格具有正向冲击。基于此，蔡文娟（2020）进一步通过构建动态条件相关-混频抽样回归（dynamic conditional correlation-mixed data sampling，DCC-MIDAS）模型识别网络搜索量对深圳碳排放权交易价格和 EUA 期货价格的影响，发现网络搜索量与国内外碳排放权交易价格之间均存在联动关系，且该联动关系表现出强烈的时变特征。Zhang 等（2022）则发现谷歌搜索趋势不仅是碳排放权交易价格的格兰杰原因，而且能同时对碳排放权交易价格造成显著的线性和非线性影响。类似地，王竹葳等（2021）以百度搜索指数代表投资者关注度，检验百度搜索指数对中国 8 个碳排放权交易试点市场的碳排放权交易价格的影响，发现百度搜索指数在滞后 1 期和 2 期内对碳排放权交易价格均有显著影响，但当期及滞后过长的百度搜索指数对碳排放权交易价格收益率没有影响。

2.1.1.6 其他因素

碳排放权交易作为一种市场化行为，碳排放权交易价格的影响因素纷繁复杂。除能源价格、宏观经济政策、天气国际碳资产和网络搜索因素外，还受到传统金融市场（Hao et al., 2020）、碳排放权总量目标（Alberola et al., 2008b），以及碳排放权交易市场机制（Alberola et al., 2009）等因素的影响。

（1）传统金融市场对碳排放权交易价格的影响研究

Sijim 等（2006）认为电力企业的股票价格与碳排放权交易价格之间表现为显著正相关。随后，Oberndorfer（2009）进一步发现虽然不同电力企业股价与碳排放权交易价格的相关性存在一定差异，但是整体上均表现出显著正相关性。刘维泉和赵净（2011）则通过构建动态条件相关多元广义自回归异方差（dynamic conditional correlation multivariate generalized autoregressive conditional heteroscedasticity, DCC-MVGARCH）模型，发现仅股票价格对碳排放权交易价格具有显著影响，反之，碳排放权交易价格对股票价格并无显著作用。吕靖烨等（2021）发现不论是国际碳排放权交易市场还是国内碳排放权交易市场，碳排放权交易价格对传统金融市场的波动均非常敏感。但是，周建国等（2016）则认为传统金融市场对碳排放权交易价格的影响非常弱。

（2）碳排放权总量目标对碳排放权交易价格的影响研究

EUA 价格在 2005—2007 年现了两次大幅下跌，Alberola 等（2008b）发现碳排放权过度分配是造成这两次 EUA 价格下跌的关键因素。Chevallier（2010）也认同 EUA 价格在 2006 年 4 月出现跳水最主要的原因是碳排放权分配过剩。陈晓红和王陟昀（2012）也认为碳排放权交易价格最重要的影响因素是碳排放权的总量供给。

（3）碳排放权交易市场机制对碳排放权交易价格的影响研究

Alberola 和 Chevallier（2009）认为碳排放权交易市场机制能通过影响市场参与主体对未来的预期，从而使碳排放权交易价格出现波动。陈欣等（2016）以中国 7 个碳排放权交易试点市场为研究对象，通过对比分析发现履约日是造成碳排放权交易价格出现波动的主要原因。张云（2018）也证明了中国碳排放权交易市场机制对碳排放权交易价格具有重要影响，且不同碳排放权交易市场机制下，碳排放权交易价格波动差异较大。

2.1.2　碳排放权交易价格预测研究

碳排放权交易价格因呈现出混沌无规则的波动特点，而成为国内外学者关注的焦点和难点，准确预测碳排放权交易价格对碳排放权交易市场的健康发展具有重要意义。早期，学者们尝试过采用定性分析方法对碳排放权交易价格进行预测（Kanen，2006），但是鉴于定性分析存在较多的局限性，因此关于碳排放权交易价格预测的研究迅速拓展到了定量分析方面。现有研究对碳排放权交易价格的预测成果较为丰富，根据预测方法的不同，碳排放权交易价格的预测研究可分为基于传统计量方法的碳排放权交易价格预测研究、基于单一人工智能模型的碳排放权交易价格预测研究，以及基于组合优化模型的碳排放权交易价格预测研究。

2.1.2.1 基于传统计量方法的碳排放权交易价格预测研究

碳排放权交易价格预测基于碳排放权交易价格的发展规律，利用科学的技术方法断其未来的发展趋势。根据碳排放权交易价格预测因子的不同，碳排放权交易价格可分为单因素碳排放权交易价格预测和多因素碳排放权交易价格预测。前者主要考虑碳排放权交易价格自身的历史演变规律，充分挖掘碳排放权交易价格本身携带的有效信息，对碳排放权交易价格进行时间序列预测。后者则基于能源价格、国际碳资产和宏观经济环境等外部复杂环境对碳排放权交易价格的影响，考虑碳排放权交易价格多元驱动因素的影响，对碳排放权交易价格进行多元因素预测。

（1）单因素碳排放权交易价格预测研究

单因素碳排放权交易价格预测，主要是通过对碳排放权交易价格本身的历史序列进行分析和拟合，实现对碳排放权交易价格的预测。Paolella 和 Taschini（2008）基于碳排放权交易价格的自身特点，提出混合正态广义自回归条件异方差（Generalized Autoregressive Conditional Heteroscedasticity，GARCH）模型预测 EU ETS 的碳排放权交易价格，实证结果发现该模型的预测效果优于标准的 GARCH 模型。Benz 和 Trück（2009）对比了 GARCH 模型与 Markov 制度转换模型在碳排放权交易价格预测方面的有效性，样本内的适用性和样本外的预测效果，结果均表明，在碳排放权交易价格预测方面，Markow 制度转换模型优于 GARCH 模型。张晨和杨仙子（2016a）也证明了在碳排放权交易价格预测方面，Markow 模型优于 GARCH 的这一结论。鉴于经验模态分解法在提取数据特征方面的优越性，Li 和 Lu（2015）考虑到碳排放权交易价格的多尺度特征，将经验模态分解法与 GARCH 模型相结合，对深圳、上海、北京、广东和天津 5 个碳排放权交易试点市场的碳排放权交易价格进行预测，发现碳排放权交易价格保持在 30~50 元/t 较为合理。赵领娣和王海霞（2019）则认为GRACH模型无法处理灰色信息，对此构建了分数阶灰色预测模型对深圳年均碳排放权交易价格进行预测，发掘其演变趋势。王娜（2017）认为自回归移动平均（autoregressive moving average，ARMA）模型是最流行的预测模型之一，但该模型的定阶问题是重要难点，对此提出利用Boosting算法寻找ARMA的最优阶数，实证结果发现Boosting-ARMA不仅能有效识别最优ARMA模型，而且对碳排放权交易价格预测具有较高的准确性和便利性。以上研究主要考察了参数模型对碳排放权交易价格预测的作用，为了验证非参数模型对碳排放权交易价格预测的有效性，Chevallier（2011d）将非参数模型应用于碳排放权交易市场，对碳排放权现货交易价格和碳排放权期货价格进行预测，通过统计检验发现非参数模型的样本外预测能力强于线性自回归模型（Autoregressive，AR）模型。

（2）多因素碳排放权交易价格预测研究

García-Martos等（2013）以煤炭、石油、天然气等化石能源的价格以及电力价格作为碳排放权交易价格预测因子，利用条件异方差动态要素模型识别碳排放权交易价格的波动特征，继而构建多元GARCH模型对碳排放权交易价格进行预测，通过与向量自回归差分移动平均（vector autoregressive integrated moving average，VARIMA）模型、单变量GARCH模型等基准模型进行比较，发现多元GARCH模型改善了对碳排放权交易价格的预测精度，且考虑了能源价格与碳排放权交易价格的动态相关性，对提高碳排放权交易价格预测性能具有重要意义。同时，Byun和Cho（2013）也考虑了石油、煤炭、电力等能源的价格对碳排放权交易价格的影响，构建多元GARCH模型对碳排放权期权价格进行预测，同样发现多元GARCH模型能大幅提升对碳排放权期权的预测性能。纪钦洪等（2018）则在能源价格的基础上，引入了汇率、沪深300指数、制造业采购经理指数等宏观经济因素以及空气质量指数，构建了多元回归预测模型，并通过对广东碳排放权交易价格进行预测，验证了各因素对碳排放权交易价格的预测能力。以上研究仅考虑了能源价格、宏观经济因素，以及空气质量等结构化数据对碳排放权交易价格预测的影响，忽略了网络搜索等非结构化信息对碳排放权交易价格预测的作用。对此，王娜（2016）提出了网络结构自回归分布滞后模型（autoregressive distributed Lag，ADL），从百度搜索指数和媒体指数两个方面考虑非结构化信息对碳排放权交易价格预测的作用，发现 ADL 在利用非结构化大数据信息对碳排放权交易价格进行预测时具有明显优势，但是利用传统计量模型进行多因素预测时，要求预测因子是同频数据，这一约束忽略了混频预测因子所携带的更丰富的数据信息。因此，Zhao 等（2018）将预测因子从同频数据拓展到了混频数据领域，以经济和能源等混频因素作为预测因子，构建了混频回归模型，研究结果发现该模型能有效挖掘混频数据信息，从而对碳排放权交易价格实现精确预测。

2.1.2.2 基于单一人工智能模型的碳排放权交易价格预测研究

由于人工智能模型在解决非线性问题方面具有较强的优势，因此，人工智能模型被普遍应用于各个经济领域。比如，国内生产总值（gross domestic product，GDP）（肖智 等，2008；肖争艳 等，2020）、股票价格（许雪晨 等，2021；齐甜方 等，2021）、农产品价格（熊巍 等，2015；方雪清 等，2021）、汇率（熊志斌，2011；周晓波 等，2019）等。传统统计计量模型对碳排放权交易价格进行预测时，对数据的非线性刻画能力不足，鉴于此，基于人工智能模型的碳排放权交易价格预测得到发展。

（1）单因素碳排放权交易价格预测研究

人工智能模型具有强大的非线性处理能力，但同时也具有自身缺陷，比如收敛慢、易掉入局部极值。因此，学者们利用人工神经网络（artificial neural network，ANN）模型预测碳排放权交易价格时，往往并未直接利用人工神经网络（ANN），更多是对人工智能模型进行针对性优化后再用于预测碳排放权交易价格（Sun et al.，2018）。蒋锋和彭紫君（2018）就针对 BPNN 收敛慢、易掉入局部极值的缺陷，并考虑到碳排放权交易价格的混沌特征，采用混沌粒子群（chaos particle swarm optimization，CPSO）对 BPNN 进行改进，通过利用改进后的 BPNN 对 EU ETS 第三阶段的碳排放权交易价格进行预测，发现改进后的 CPSO-BP 模型具有更好的精度和稳定性。由于碳排放权交易价格表现出混沌特征，Fan 等（2015）构建了基于相位重构的神经网络模型，对 EU ETS 第三阶段的碳排放权交易价格进行预测，通过与自回归差分移动平均（autoregressive integrated moving average，ARIMA）、人工神经网络（artificial neural network，ANN）、最小二乘支持向量机（least squares support vector machine，LSSVM）等基准模型进行比较，发现基于相位重构的神经网络模型具有更好的预测性能。Atsalakis（2016）考虑到混合碳排放权交易价格预测方面的缺失，基于 ANN 和神经模糊推理系统，构建了混合神经模糊控制系统对碳排放权交易价格进行预测，发现其预测效果优于传统神经网络模型的预测性能。使用人工智能模型对碳排放权交易价格进行单因素预测时，输入向量维度是确定模型参数的一个难题。针对这一难题，朱帮助和魏一鸣（2011）提出采用数据分组处理方法（group method of data handling，GMDH）确定模型的输入向量，再利用粒子群算法（particle swarm optimization，PSO）的全局搜索优势，对最小二乘支持向量机（LSSVM）进行优化，利用优化后的 PSO-LSSVM 模型对 EU ETS 的碳排放权期货价格进行预测，发现该模型具有较好的预测能力和泛化能力。

（2）多因素碳排放权交易价格预测研究

人工智能模型被应用于碳排放权交易价格预测领域后，普遍发现其对碳排放权交易价格的预测效果优于传统计量模型。学者们在探究人工智能模型对碳排放权交易价格时间序列预测能力的同时，也在研究能否利用人工智能模型挖掘碳排放权交易价格影响因子对碳排放权交易价格的预测能力。Tsai 和 Kuo（2014）选择以煤炭、石油和天然气等能源价格为预测因子，基于径向基函数神经网络（radial basis function neural network，RBFNN）对碳排放权交易价格进行预测，发现碳排放权交易价格的影响因子对改善碳排放权交易价格预测结果具有较好作用。易兰等（2017）则在能源价格的基础上，进一步引入了碳资产价格、宏观经济指数以及天气等因素，并基于 BPNN 模型对比分析了各因素对碳排放权交易价格的预测性能，并再次验证了 Tsai 和 Kuo（2014）的研究结论。

2.1.2.3 基于组合优化模型的碳排放权交易价格预测研究

人工智能模型利用其强大的学习能力，极大地改进了具有非线性特征的碳排放权交易价格的预测效果。但是单一人工智能模型具有有限的优势，并存在两大重要缺陷，一是只能克服碳排放权交易价格数据的非线性问题，通过不断学习利用碳排放权交易价格的非线性信息，忽略了碳排放权交易价格本身还蕴含着线性特征。二是碳排放权交易价格呈现出混沌特征，单一人工智能模型难以利用该特征挖掘碳排放权交易价格的内在演变规律。在其引入碳排放权交易价格预测领域不久，学者们就发现了这一难题，故学者们从单一人工智能模型的瓶颈出发，聚焦于利用组合优化模型对碳排放权交易价格进行预测。

（1）单因素碳排放权交易价格预测研究

单因素碳排放权交易价格组合优化预测研究主要分为两类，一是基于碳排放权交易价格线性与非线性特征的相关研究，可解决单一人工智能模型的第一个忽略线性特征的缺陷；二是基于碳排放权交易价格多尺度特征的相关研究，主要针对单一人工智能模型的第二个忽略混沌特征的缺陷，通过识别碳排放权交易价格的多尺度特征，厘清并充分利用碳排放权交易价格的内在演变规律。

1）基于碳排放权交易价格的线性与非线性特征研究

碳排放权交易价格不仅具有非线性特征，还蕴含线性信息，但传统的单一优化模型不能同时处理线性问题和非线性问题。大量研究表明，将处理线性问题的模型和非线性问题的模型相结合，构建组合模型，是解决这一类问题的有效思路（Zhang，2003；Koutroumanidis et al.，2009；Khashei et al.，2011）。基于此，Zhu 和 Wei（2013）提出以 ARIMA 对线性部分进行预测，利用 LSSVM 预测非线性部分，再利用 PSO 对二者的预测结果进行组合优化，结果发现优化后的组合模型不仅能同时解决线性和非线性问题，而且能实现对碳排放权交易价格的有效预测。但这一类处理并未考虑碳排放权交易价格对极端冲击的反映以及碳排放权交易价格的时变波动特征，因此云坡等（2021）在 GARCH 类模型的基础上，考虑碳排放权交易价格时变高阶矩特征和方差杠杆效应，构建了自回归条件波动-偏度-峰度（general autoregressive conditional volatility skewness kurtosis，GARCHSK）模型，并将该模型与长短期记忆（long short-term memory，LSTM）模型相结合，发现 NAGARCHSK-LSTM 对碳排放权交易价格的预测精度和稳健性均高于基准模型。

2）基于碳排放权交易价格的多尺度特征研究

单一人工智能模型均直接对碳排放权交易价格进行预测，没有考虑碳排放权交易价格的混沌特征，进而识别其内在演变规律，并对其进行"提质"处理。为深入描述碳排放权交易价格的内在特征，提高对碳排放权交易价格的预测性能，学者们引入了模态分解法，挖掘碳排放权交易价格的多尺度特征，并针对碳排放权交易价格预测逐渐形成了分解—重构—预测—整合策略，且该策略长期普遍受到学者们的青睐（Zhu，2012；Zhu et al.，2018；Zhou et al.，2018；Chai et al.，2021；Wang et al.，2022）。

出于对单一人工智能模型的改进和优化，Zhu（2012）引入经验模态分解（empirical mode decomposition，EMD）对碳排放权交易价格进行除噪，解决误差序列因其随机性难以体现系统动力信息的缺陷，并构建了 GA-BPNN 模型对碳排放权交易价格进行预测，结果发现利用分解处理后的碳排放权交易价格进行预测能极大地提高预测效果。后来，Zhu 等（2017）对碳排放权交易价格预测模型进行改进，采用 PSO 对 LSSVR 进行优化，构建 PSO-LSSVR 模型对 EMD 分解后的碳排放权交易价格序列进行预测，发现该模型具有更好的预测精度。但高杨和李健（2014）认为利用 EMD 对碳排放权交易价格进行处理后，以粒子群算法（PSO）优化后的支持向量机（support vector machine，SVM）对碳排放权交易价格进行预测，更能明显解决碳排放权交易价格预测结果的滞后性和拐点误差大两大难题。崔焕影和窦祥胜（2018）则考虑预测步长，发现 EMD-GA-BP 具有较好的短期预测效果，而 EMD-PSO-LSSVM 则在长期预测中表现更好。Zhu 等（2016）则针对 EMD 模态混淆问题，提出以集合经验模态分解法（ensemble empirical mode decomposition，EEMD）对碳排放权交易价格进行处理，从而构建了 EEMD-LSSVM 对碳排放权交易价格进行预测，发现 EEMD-LSSVM 可以实现高性能的碳排放权交易价格预测。

EMD 和 EEMD 在识别碳排放权交易价格波动频率方面取得了突破性的进展，但二者在对碳排放权交易价格进行分解时，都难以避免模态混淆问题。对此，Sun 和 Zhang（2018）采用奇异值分解法对碳排放权交易价格进行高频去噪处理，同时将碳排放权交易价格分解为不同频率的两个子序列，再利用自适应鲸鱼算法对极限学习机进行改进，并通过对两个子序列进行组合预测，验证了改进后的极限学习机在国内外碳排放权交易价格预测方面都具有良好的鲁棒性和准确性。Zhang 等（2018）则直接对 EEMD 进行改进，提出了互补集合经验模态分解（complementary ensemble empirical mode decomposition，CEEMD），并引入蚁群算法（ant colony algorithm，ACA）来优化灰色神经网络模型（grey neural network，GNN），从而构建了 CEEMD-GNN-ACA 模型，并发现该模型在碳排放权交易价格预测方面表现出比其他模型更好的性能。但 Zhou 和 Chen（2021）则基于碳排放权交易价格的混沌特征，进一步优化了 CEEMD，提出改进的自适应噪声完备集合经验模态分解（improved complete ensemble empirical mode decomposition with adaptive noise，ICEEMDAN）对碳排放权交易价格进行分解，再基于复杂度对分解后的分量进行重构，并通过利用麻雀搜索算法（sparrow search algorithm，SSA）优化极限学习机（extreme learning machine，ELM），构建 SSA-ELM 模型对碳排放权交易价格进行预测，发现这种组合的分解—重构—预测—整合策略是一种非常有效的碳排放权交易价格预测方法。

鉴于上述类 EMD 分解法容易出现端点效应和模态混叠问题，导致分解得到的分量具有一定的噪音及非平稳性。因此，Sun 等（2016）对类 EMD 分解法进行扩展，提出了变分模态分解（variational mode decomposition，VMD），并将其与脉冲神经网络（spiking neural network，SNN）模型进行组合，验证了其有效避免模态混叠和实现碳排放权交易价格精准预测的能力。Sun 和 Huang（2020）也认为 VMD 在数据处理方面具有更好的表现，从而提出 EMD-VMD-GA-BPNN 模型，对碳排放权交易价格进行二重分解，以提取更有效的数据信息，实现碳排放权交易价格的准确预测。

碳排放权交易价格分解后由多个分量组成，但各分量的频率不一致，利用同一个模型对不同频率的分量进行预测难免影响预测效果。鉴于碳排放权交易价格的多频率特点，张晨和杨仙子（2016b）构建了多频率组合模型，即利用极点对称模态分解将碳排放权交易价格分解为高频子序列、中频子序列和低频子序列，再根据不同子序列的频率特征，分别选择非线性自回归（nonlinear regression analysis，NAR）模型、小波神经网络（wavelet neural network，WNN）模型和支持向量机模型（SVM）对 3 个子序列进行预测，再利用 PSO-SVM 对子序列预测结果进行组合，发现该多频率组合模型在碳排放权交易价格预测方面表现出优越的性能。Huang 等（2021）则提出利用变分模态分解（VMD）提炼各子序列，并利用长短期记忆（long short-term memory，LSTM）模型和 GARCH 模型分别预测低频子序列和高频子序列，结果发现相比于其他分解算法，VMD 具有显著优势。

此外，Yang 等（2002）、Xu 等（2020）、Lu 等（2020）、Hao 等（2020）等也从数据分解、模型预测、结果优化三个方面分别根据数据特征和预测因子选择模型，基于分解—重构—预测—整合策略思想，构建碳排放权交易价格组合预测模型，并通过实证检验了模型的预测效果。

（2）多因素碳排放权交易价格预测研究

Han 等（2019）将能源价格、宏观经济、天气和环境因素作为预测因子，结合混频模型和神经网络模型，构建了组合 MIDAS-BP 模型，对碳排放权交易价格进行预测，结果表明该组合模型的预测结果优于其他混频基准模型。Sun 等（2020）则从能源价格、宏观经济等方面选择碳排放权交易价格影响因素，并利用快速集合经验模态分解法（fast ensemble empirical mode decomposition，FEEMD）对碳排放权交易价格进行分解，再提出 PSO-ELM 模型对分量进行预测，通过对分量预测结果进行整合，发现整合结果优于其他基准模型。但基于多因素的碳排放权交易价格预测若未对影响因素进行降维处理，易造成信息冗余。因此，张晨和胡贝贝（2017）从能源价格、碳资产价格和宏观经济指数等方面选取碳排放权交易价格影响因素后，进一步利用自适应最小绝对值收缩选择（adaptive least absolute shrinkage and selection operator，ALASSO）方法对影响因素进行筛选，然后针对碳排放权交易价格的内在特征，采用 EEMD 对碳排放权进行分解，并根据分解后分量的频率差异，分别利用 ENN、SVM 和 ARIMA 对不同频率的分量进行预测，对分量预测结果进行加总，从而得到碳排放权交易价格组合预测结果，且实证结果表明该组合预测结果优于单一模型预测结果。Hao 和 Tian（2020）从能源价格、宏观经济政策、国际碳资产和天气 4 方面选取碳排放权交易价格影响因素，基于分解—重构—预测—整合策略，利用多目标混沌正余弦算法（multi-objective chaotic sine cosine algorithm，MOCSCA）优化后的核极限学习机（kernel-based extreme learning machine，KELM）对碳排放权交易价格进行组合预测，研究结果证明了该模型在多因素预测方面具有明显的优势。

综上可知，现有碳排放权交易价格预测研究表明，在预测模型方面，人工智能模型对碳排放权交易价格的预测效果显然优于传统计量模型，而传统计量模型和单一人工智能模型在解决碳排放权交易价格的混沌特征方面较为局限，因此组合优化模型将是碳排放权交易价格预测模型的发展方向。在预测因子方面，单因素碳排放权交易价格预测能更充分地利用历史信息，且能对碳排放权交易价格进行中长期预测，不存在预测步长的限制；多因素碳排放权交易价格预测则更能充分利用外部复杂环境的有效信息，但是也会因预测因子选取的主观性造成预测误差叠加，且预测步长非常受限。因此在预测因子方面，不能盖棺定论单因素预测和多因素预测孰优孰劣，二者各有长短。

2.1.3　碳排放权交易价格预警研究

碳排放权交易市场作为金融市场的"新秀"，现有的碳排放权交易价格预警研究较为匮乏，仅郑祖婷等（2018）是明确针对碳排放权交易价格开展的预警研究。因此，为了为后续研究开展提供指导与借鉴，本书将从碳排放权交易价格预警的相关研究——价格预警研究出发，对现有研究进行梳理。

经济领域的预警逻辑有如下3个阶段：一是明确警义，二是确定警源，三是分析警兆并预报警度（顾海兵，1997）。"警义"顾名思义为"警的含义"，明确警义，包括确定警情指标以及划分警限和警度。确定警源即寻找造成警情的根源。警兆是警情的先导性指标，分析警兆并预报警度是根据先导性指标的表现，利用预警方法预判警情所属的警度。由于警兆与警源紧密相连，而预报警度的关键是选择合适的预警方法。因此，本部分从预警警义、预警警源和警兆以及预警方法3个方面梳理相关研究现状。

2.1.3.1　价格预警警义研究

由于明确警义主要包括确定警情指标以及划分警限和警度，且警限与警度密切相连。因此，本部分从警情指标、警限和警度两个方面对相关研究进行梳理。

（1）警情指标

价格预警的预警对象显然主要是某商品的价格，如鸡肉价格（张瑞荣 等，2015）、猪肉价格（楼文高 等，2017）、果蔬价格（李优柱 等，2014）等农产品价格，电力价格（黄仁辉 等，2009）、石油价格（赵惟、范海兰，2008；He et al.，2012；周德群 等，2013）、有色金属价格（黄健柏 等，2012）等能源和资源价格，以及期货价格（高新伟 等，2013）、股票价格（郭婧 等，2021）、碳资产价格（郑祖婷 等，2018）等金融产品价格。通过总结现有研究的警情指标，发现预警警情指标主要有3类。第一类是价格（方燕 等，2017；吴培 等，2021；牛桂草 等，2021），价格能直接反映预警对象的变化情况，但是价格是一个静态的绝对量，对警情的反映非常片面。第二类是波动率（张瑞荣 等，2015；周德群 等，2013；梁朝晖、郭翔，2020），相比于价格，波动率是一个动态指标，以波动率为警情指标更能反映价格的异常波动情况。第三类是预警指数（楼文高 等，2017；郭婧 等，2021；Brave et al.，2011），指数是对预警系统的综合反映，体现的是在复杂因素的作用下，预警系统的警情变化情况。

（2）警限和警度

警度是警情的等级，警限是划分警度的阈值，明确警限就能确定警度区间（赵惟 等，2008）。划分警限最常用的方法是张永军（2007）提出的 3δ 法，即以均值为基准线，以标准差的整数倍为上下波动的阈值，将警情指标划分为不同区间，从而对应不同的警度。根据 3δ 法能确定6条警限，分别为 $\mu-3\delta$、$\mu-2\delta$、$\mu-\delta$、$\mu+\delta$、$\mu+2\delta$、$\mu+3\delta$，6条警限能将警情划分为正向/负向重度警情、正向/负向中度警情、正向/负向轻度警情和无警情7个警度，或者重度警情、中度警情、轻度警情和无警情4个警度。岳之崃等（2013）、易靖韬和严欢（2023）等基于 3δ 法的思想，考虑警情的波动特征，以均值上下波动 2δ 为预警区间，确定了4条警限，分别为 $\mu-2\delta$、$\mu-\delta$、$\mu+\delta$、$\mu+2\delta$，将警情划分为正向/负向中度警情、正向/负向轻度警情和无警情5个警度。除 3δ 法外，统计特征也是确定警限和警度的常用方法。比如，郑祖婷等

(2018)利用碳排放权交易价格的均值、中位数和众数设置了负向高度风险、负向一般风险、无风险、正向一般风险和正向高度风险5个警度。吴培和李哲敏(2021)考虑到价格波动的非对称性,将统计学方法和德尔菲法结合,从价格升高和降低两个方向分别确定预警警限和警度,划分价格升高的无警、轻警、中警和重警4个警度区间分别为[0, 4.80%)、[4.80%, 8.85%)、[8.85%, 14.58%)和[14.58%, +∞),价格降低的无警、轻警、中警和重警4个警度区间分别为[0, 4.66%)、[4.66%, 8.57%)、[8.57%, 14.30%)和[14.30%, +∞)。此外,划分警限的其他方法还有专家打分法、分位数法(赵惟 等,2008)。确定警限和警度后,为对预警结果进行可视化输出,学者们往往参考交通信号灯机制对不同警度设置白灯、蓝灯、绿灯、黄灯和红灯等不同颜色的信号灯(吴田,2015;唐升 等,2018)。

2.1.3.2 价格预警警源和警兆研究

警源分析的主要目的是识别警情的"火种",价格预警警源分析主要分为4类。第一类是供需决定论,即认为供给和需求两方面的相关影响因素是造成警情的主因(赵予新,2007;方福平 等,2010),这是学者们最普遍认可的警源。第二类为市场特征论,即市场机制、市场制度和市场结构等市场相关因素是导致警情的最本质原因(林毅夫 等,1995)。第三类是外生冲击论,是指宏观经济状态、宏观政策和汇率利率等外生因素是影响警情的重要因素(黄季焜 等,2009)。第四类是复杂成因论,即警情是预警对象所处系统的复杂因素综合作用的结果(农业部农村经济研究中心分析小组 等,2011)。

基于上述关于警源的分析,刘芳等(2013)认为价格预警警源主要来自市场供需和外部冲击两方面,因此从市场相关商品价格、供给因素、需求因素以及外生冲击等方面确定了4个滞后指标、8个同步指标和6个先行指标。王会娟等(2013)则认为价格预警警源主要源自供需和外生冲击,因此从这两方面选取了11个指标,并利用因子分析提取了5个警兆指标。类似地,崔明（2018）也认为警源主要涉及供需和外生冲击，故从供需和宏观经济水平两方面选取了 6 个警兆指标。付莲莲等（2017）从供需和外部冲击两方面选择了 7 个影响因素，并利用时差相关法，确定了先行指标、同步指标和滞后指标。郑祖婷等（2018）认为碳排放权交易价格的警源主要为供需因素和外生冲击原因，从能源价格、宏观经济、环境和其他等方面选取了 17 个碳排放权交易价格的影响因素，并通过因子分析法确定了 8 个碳排放权交易价格波动风险警兆指标，分别为汽油价格、大庆油田价格、柴油价格、天然气价格、固定资产投资额、财政支出、进出口总额和社会消费品零售总额。

2.1.3.3　价格预警方法研究

经济预警方法分为五种，即黑色预警法、黄色预警法、红色预警法、白色预警法和绿色预警法（顾海兵，1997）。黑色预警法不依赖警兆，能直接根据警情指标的历史变化规律进行预警。比如根据警情时间序列变化规律，利用 ARIMA 模型预报警度（唐江桥 等，2011；康艺之 等，2014）。黄色预警法是基于警兆的当前表现对未来警情进行预警。比如，基于警兆指标，利用均值法（周德群 等，2013）、计量回归模型（张新红 等，2011；杨璿，2011）、景气指数模型（陈磊，2019；尚玉皇 等，2018）、人工智能模型（郑祖婷 等，2018；刘芳 等，2013；崔明，2018；付莲莲 等，2017；何砚 等，2020）等预警模型预报警度。红色预警法是根据警兆以及复杂的社会环境等因素进行预警。绿色预警法是依据构成警情的指标的生长态势进行预警。白色预警法则注重利用丰富的致警因素预判未来的警情。5 种经济预警方法中红色预警法非常繁杂，绿色预警法根据农作物的生长状态对未来农业收成等情况进行预警，对遥感技术的要求很高，白色预警法尚在探索中。因此，黑色预警和黄色预警较为常见，也最为便利有效。

2.1.4 文献述评

通过对国内外研究现状的梳理，发现现有研究在碳排放权交易价格影响因素分析和碳排放权交易价格预测等方面的研究成果较为丰富，但碳排放权交易价格预警的相关研究较为匮乏。虽然现有研究总体上取得了较好的成果，但是总结发现，仍然具有以下不足。

（1）现有研究对碳排放权交易价格预测模型的改进，忽略了因处理碳排放权交易价格非线性和混沌性难题而衍生的训练个体误差的差异性、误差叠加以及白噪声序列等问题。国内外学者对碳排放权交易价格预测的研究中，预测模型经历了从传统计量模型到人工智能模型，再到组合优化模型的改进过程。其中，在处理碳排放权交易价格的非线性问题方面，神经网络模型一直受到学者们的追捧，迄今为止，神经网络模型仍是碳排放权交易价格预测中最普遍接受的基准模型。但是，基准神经网络模型以及一般的神经网络优化模型都忽略了训练个体误差的差异性问题，导致其对碳排放权交易价格非线性特征的描述有限。此外，针对碳排放权交易价格的混沌性问题，为了能准确提取碳排放权交易价格的多尺度演变规律，对碳排放权交易价格进行分解时，往往加入了白噪声序列。但现有研究对碳排放权交易价格进行多尺度预测后，大多对各子序列的预测结果直接进行组合，从而得到最终的预测结果，导致预测结果忽略了白噪声序列的影响，且普遍出现误差叠加问题。因此，有效解决碳排放权交易价格的非线性和混沌性问题，是目前提高碳排放权交易价格预测性能的一个重要突破口。

（2）现有的碳排放权交易价格影响因素研究主要着眼于碳排放权交易价格的原始序列，而对碳排放权交易价格多尺度子序列的缘由阐释不全。明确各因素对碳排放权交易价格的影响效应，是辨析碳排放权交易价格预警警源的重要基础。现有研究对碳排放权交易价格原始序列影响因素的挖掘较为充分，但对碳排放权交易价格多尺度子序列的处理主要停留在物理意义层面，而且多是从定性角度剖析传统金融市场因素对碳排放权交易价格多尺度子序列的影响。这不仅忽略了碳排放权交易价格多尺度子序列物理意义与经济内涵的耦合问题，而且缺少以定量分析厘清各影响因素对碳排放权交易价格多尺度子序列的影响程度，以及影响渠道的差异性，更是忽视了从行为金融学的角度挖掘新媒体时代下大数据对碳排放权交易价格多尺度子序列的影响。因此，将定性分析与定量分析相结合、理论分析与实证检验相支撑、传统金融学与行为金融学互补充，识别碳排放权交易价格多尺度子序列的经济意义、影响因素及其差异性，是目前碳排放权交易价格预警研究中亟待解决的问题。

（3）现有碳排放权交易价格预警研究较为匮乏，虽然经济预警领域的相关研究较为丰富，但难以直接照搬现有预警技术和方法对碳排放权交易价格进行预警。现有经济预警研究主要集中在农产品价格市场、传统金融市场等其他经济预警领域，虽已提出了成熟的预警技术和方法，不过这些常见的预警技术和方法是基于市场成熟的价格发现机制所提出的，为数不多的碳排放权交易价格预警研究也以"嫁接技术"为主。但是，中国8个碳排放权交易试点市场的运行经验表明，不论是重庆、天津等地区尚不完善的碳排放权交易试点市场，还是广东、湖北等地区相对成熟的碳排放权交易试点市场，每个试点市场都长期出现过几天甚至几个月的市场停滞现象。碳排放权交易市场最重要的功能是促进节能减排，然而市场停滞会削弱价格发现机制的正常作用，从而使得碳排放权交易市场的节能减排功能"大打折扣"。可见，碳排放权交易价格预警不能以"嫁接技术"为主，直接照搬经济领域的预警技术和方法，因此，基于碳排放权交易价格的自身特点，改进现有预警技术和方法，构建碳排放权交易价格预警系统，是目前碳排放权交易价格预警研究的重要方向。

2.2 主要技术方法阐述

本书开展多尺度视角下碳排放权交易价格预测与预警研究涉及的主要技术方法包括变分模态分解法、神经网络模型、遗传算法、Adaboost 算法以及向量自回归模型，本节将逐一阐述以上技术方法的理论基础，为后文开展研究提供技术方法支撑。

2.2.1 变分模态分解法

变分模态分解（VMD）是 Dragomiretskiy 和 Zosso（2014）提出的一种新型非递归优化信号分解法，目前已被成功运用于经济和金融问题中（余方平 等，2017；张金良 等，2019）。该方法假设其分解得到的每个本征模态函数（Intrinsic Mode Function，IMF）的带宽有限，并且各 IMF 的中心频率不同，同时以所有本征模态函数的估计宽带之和达到最小值为目标（Lahmiri et al.，2017）。VMD 通过设定目标函数，将其核心问题转变为约束变分问题，对此再结合交替方向乘子法，实现有效提取本征模态函数及顺利划分分量的频域，从而得到最优解以及事先设定个数的本征模态函数。相比于 EMD、EEMD、CEEMD 以及 CEEMDAN 等其他模态分解法，VMD 不仅能自适应地对各本征模态的有限带宽和最优中心频率进行匹配，还能有效降低原样本的噪声及非平稳性，并克服模态混叠和端点效应问题，更准确地识别出原样本的多尺度特征（刘金培 等，2023）。VMD 对时间序列数据分解的具体步骤如下。

（1）估计模态带宽

首先，令时间序列原始数据为 $x(t)$，预先设定时间序列数据分解为 K 个模态分量，第 k 个分量的模态函数为 $u_k(t)$。

其次，对原始数据 $x(t)$ 进行 Hilbert 变换，即

$$H[u_k(t)] = \frac{1}{\pi t} * u_k(t) \tag{2-1}$$

其中，* 表示卷积。经过 Hilbert 变换，得到模态函数 $u_k(t)$ 的单边频谱 $\left[\delta(t) + \frac{j}{\pi t}\right] * u_k(t)$，其中，$\delta(t)$ 为单位脉冲函数。模态函数 $u_k(t)$ 的解析信号为

$$z_k(t) = u_k(t) + j\hat{u}_k(t) = A_k(t) e^{j\varphi_k(t)} \tag{2-2}$$

其中，$A_k(t) = \sqrt{u^2(t) + H^2[u(t)]}$ 为 $u_k(t)$ 的瞬时振幅，具有调幅作用；$\varphi_k(t) = \arctan \frac{H[u(x)]}{u(t)}$ 为瞬时相位，具有调频作用。

然后，将 $\left[\delta(t) + \frac{j}{\pi t}\right] * u_k(t)$ 乘 $e^{-j\omega_k(t)}$ 以调整各模态函数 $u_k(t)$ 的预估中心频率，从而将每个模态的频谱调制到与其对应的基频带，其中，$\omega_k(t)$ 是 $\varphi_k(t)$ 关于时间的导数。

最后，通过高斯平滑调节，即可估计出各模态函数 $u_k(t)$ 的信号带宽。

（2）构造变分模型

通过上述处理，可将时间序列原始数据分解问题转化为如下约束变分问题：

$$\min_{\{\mu_k\}\{\omega_k\}} \left\{ \sum_k \left\| \partial_t \left[\left(\delta(t) + \frac{j}{\pi t}\right) * \mu_k(t) \right] e^{-j\omega_k(t)} \right\|_2^2 \right\} \\ \text{s.t.} \quad \sum_k \mu_k = x(t) \tag{2-3}$$

（3）求解变分模型

首先，引入二次惩罚因子 α 以及 Lagrange 乘法算子 $\lambda(t)$，从而将上述约束变分模型转化为无约束变分模型，则有增广 Lagrange 函数：

$$L(\{\mu_k\},\{\omega_k\},\lambda) = \alpha \sum_k \left\| \partial_t \left[\left(\delta(t) + \frac{j}{\pi t} \right) * \mu_k(t) \right] e^{-j\omega_k(t)} \right\|_2^2 \\ + \left\| x(t) - \sum_k \mu_k(t) \right\|_2^2 + <\lambda(t), x(t) - \sum_k \mu_k(t)>$$
（2-4）

其中，α 为惩罚参数，用于控制时间序列数据的重构精度；$\lambda(t)$ 为 Lagrange 乘子，用于确保约束条件严格性。

其次，参考乘法算子交替方向法（Boyd，2010），不断交替优化更新 μ_k^{n+1}，ω_k^{n+1}，λ_k^{n+1}，以求解增广 Lagrange 函数的鞍点，即

$$\mu_k^{n+1} = \arg\min \left\{ \alpha \sum_k \left\| \partial_t \left[\left(\delta(t) + \frac{j}{\pi t} \right) * \mu_k(t) \right] e^{-j\omega_k(t)} \right\|_2^2 \\ + \left\| x(t) - \sum_k \mu_k(t) + \frac{\lambda(t)}{2} \right\|_2^2 \right\}$$
（2-5）

其中，ω_k 等同于 ω_k^{n+1}；$\sum_i \mu_i(t)$ 等同于 $\sum_{i \ne k} \mu_i(t)^{n+1}$。

然后，结合 Parseval/Plancherel、傅里叶等距变换，进一步将式（2-5）转换到频域，从而更新各模态函数 $u_k(t)$ 的频域，并将 ω 的取值转换到频域实现对待估模态中心频率的更新，同时更新 $\lambda(t)$，具体公式为

$$\hat{\mu}_k^{n+1}(\omega) = \frac{\hat{x}(\omega) - \sum_{i \ne k} \mu_i^{n+1}(\omega) + \frac{\hat{\lambda}(\omega)}{2}}{1 + 2\alpha(\omega - \omega_k)^2}$$
（2-6）

$$\omega_k^{n+1} = \frac{\int_0^\infty \omega |\hat{\mu}_k(\omega)|^2 \, d\omega}{\int_0^\infty |\hat{\mu}_k(\omega)|^2 \, d\omega}$$
（2-7）

$$\hat{\lambda}^{n+1}(\omega) \leftarrow \lambda^n(\omega) + \tau(\hat{x}(\omega) - \sum_k \mu_k^{n+1}(\omega))$$
（2-8）

其中，参数 τ 为时间步长。

最后，重复构造变分模型及其求解过程，使得各分量的频率中心及带宽在此迭代过程中完成频带的自适应分割，直至满足如下迭代停止条件：

$$\sum_k \left\| \hat{\mu}_k^{n+1} - \mu_k^n \right\|_2^2 / \left\| \mu_k^n \right\|_2^2 < e \qquad (2-9)$$

当精度 e 满足给定判别精度时，将结束整个循环，从而基于时间序列数据的频域特性得到 k 个窄带分量 $u_k(t)$ 及其对应的中心频率。

2.2.2 神经网络模型

2.2.2.1 反向传播神经网络

人工神经网络模型（ANN）拥有很多优越的属性，比如自适应性、泛化能力、并行处理能力以及容错能力（Wang et al., 2011）。这些特有的属性使得 ANN 能够有效地解决非线性问题（Azadeh et al., 2008）。其中，反向传播神经网络（BPNN）模型是运用最为广泛的 ANN 之一，由输入层、隐含层和输出层组成（Zhao et al., 2019）。

BPNN 模型以输出层得到的预测值与实际值之间的最小均方误差为目的，利用样本数据对网络结构进行训练，从而得到输入层神经元与隐含层神经元之间的连接权重，以及隐含层神经元与输出层神经元之间的连接权重。BPNN 模型中连接权重的初始值是随机分配的，训练过程中通过将输出层得到的预测值与实际值之间的误差向隐含层和输入层反向传播，实现通过不断的学习更新神经元之间的连接权重的目的（Wang, 2009）。因此，BPNN 模型必须经过样本训练，达到训练停止条件，才能用于对未来的预测。

关于 BPNN 模型的构建过程，首先，假设 BPNN 模型输入层、隐含层和输出层的神经元个数分别为 d、m 和 1，则 BPNN 模型的训练过程可被分为如下三步（Zhang et al., 2009）。

第一步：计算隐含层所有神经元的输出，计算公式如下：

$$\text{net}_j(n) = \sum_{i=1}^{d} v_{ij} x_i(n) \qquad (2-10)$$

$$y_j(n) = f_H(\text{net}_j(n)) \qquad (2\text{-}11)$$

其中，$x_i(n)$为输入层的第n个样本的第i个变量；$\text{net}_j(n)$为隐含层第j个神经元的激活值；v_{ij}为输入层第i个变量和隐含层第j个神经元之间的连接权重；f_H为隐含层神经元的激活函数。激活函数通常为

$$f_H(\text{net}) = \frac{1}{1+\exp(-\text{net})} \qquad (2\text{-}12)$$

第二步：计算输出层神经元输出值，计算公式如下：

$$\hat{O}(n) = f_O\left(\sum_{j=1}^{m} w_j y_j(n)\right) \qquad (2\text{-}13)$$

其中，f_O为输出层的激活函数，一般设置为线性函数；w_j为隐含层第j个神经元与输出层神经元之间的连接权重。由于此处输出层神经元数量为1，故每个隐含层神经元与输出层之间只有1个连接权重。所有权重的初始值均随机产生，在训练过程中以误差最小化原则对权重进行修改。

第三步：误差反向传播，更新权重。基于第二步得到的输出值，则有输出层输出值$\hat{O}(n)$与实际值$O(n)$的误差为

$$e(n) = O(n) - \hat{O}(n) \qquad (2\text{-}14)$$

从而，定义输出层的平方误差为

$$E(n) = \frac{1}{2}e^2(n) \qquad (2\text{-}15)$$

令训练样本总数为N，则平均平方误差为

$$E = \frac{1}{N}\sum_{n=1}^{N} E(n) \qquad (2\text{-}16)$$

式（2-16）中的平均平方误差E是关于BPNN模型网络结构中所有权重以及阈值的函数。E是BPNN模型在训练过程中的目标函数，BPNN模型训练的目的是不断更新网络结构中的连接权重，从而使E达到最小。因此，对权重求导，并根据微分的链式法则，得到权重的修正量为

$$\Delta w_j(n) = -\eta \delta_j(n) y_j(n) \qquad (2\text{-}17)$$

其中，η为学习率；$\delta_j(n)$为局部梯度，其定义为

$$\delta_j(n) = e_j(n) f_H'(\text{net}_j(n)) \quad （2\text{-}18）$$

BPNN 模型经过上述循环训练，实现对连接权重的更新与优化，直至达到循环结束条件。

2.2.2.2　Elman 神经网络

Elman 神经网络（ENN）是一种由 Elman（1990）提出的递归神经网络模型。不同于由输入层、隐含层和输出层构成的其他神经网络模型，ENN 模型包括输入层、隐含层、关联层和输出层。ENN 模型特有的关联层变量为隐含层的输出变量，通过关联层的延迟和储存，实现将上一次训练中隐含层的输出作为当前训练中隐含层的输入变量（Li et al., 2018）。由于关联层能储存上一次训练中隐含层的输出值，特殊的关联层增强了内部反馈网络，使得 ENN 模型对历史序列较为敏感。通过将历史训练结果考虑在当前训练中，提高对网络动态信息的利用能力，从而实现动态建模。此外，ENN 模型能将传统的前馈感知器和递归网络相结合，同时具有前馈感知器和递归网络的优点（Wang et al., 2018）。

ENN 模型的基本原理如下：

$$\hat{\boldsymbol{O}}(k) = g[w^3 \boldsymbol{h}(k)] \quad （2\text{-}19）$$

$$\boldsymbol{h}(k) = f\{w^1 \boldsymbol{c}(k) + w^2 \boldsymbol{I}(k)\} \quad （2\text{-}20）$$

$$\boldsymbol{c}(k) = \boldsymbol{h}(k-1) \quad （2\text{-}21）$$

其中，$\hat{\boldsymbol{O}}(k)$为ENN模型第k次循环的输出向量；$\boldsymbol{h}(k)$为隐含层输出向量；$\boldsymbol{I}(k)$为输入层的输入向量；$\boldsymbol{c}(k)$为关联层向量；w^1、w^2分别为关联层向量和输入向量的连接权重；f为sigmoid激活函数；g为线性转换函数。则ENN模型误差为

$$E = \sum_{k=1}^{n}[\hat{\boldsymbol{O}}_k(k) - \boldsymbol{O}_k(k)]^2 \qquad (2\text{-}22)$$

其中，$\boldsymbol{O}_k$ 为实际观测值。与 BPNN 模型类似，ENN 模型的误差亦是关于连接权重的函数，从而做相似处理，利用误差对连接权重求导，计算权重修正量，通过不断循环，对连接权重进行更新，从而达到训练误差最小化目的。

2.2.3 遗传算法

遗传算法（genetic algorithm，GA）是一种基于生物进化论原理发展而来，用于处理复杂优化问题的启发式搜索算法。GA 通过模拟生物进化过程，解决优化问题，表现出自组织、自适应和自学习的优势。GA 的基本原理是，首先利用编码方式将拟解决的每个问题分别编成一个染色体；然后评价种群中的所有个体，对于符合终止条件的个体直接输出优化结果，对于不符合终止条件的个体则根据适应度大小判断其适应环境的优劣程度，从而挑选出下一代种群；最后通过选择、交叉和变异这一系列操作，反复循环，实现遗传繁殖，直至满足终止条件，找出最优解（周光友 等，2019）。根据 GA 的基本原理可知其操作步骤如下。

（1）确定编码方案

不同于直接处理问题本身的其他算法，GA 通过处理问题对应的编码来解决问题。确定编码方案既是 GA 的基础，也是影响 GA 效果的重要原因。常用的编码有二进制编码和实数编码。二进制编码最常用也最简单，顾名思义，二进制编码是将拟解决的问题用"0"或"1"表示。因此，二进制编码对于离散问题可直接编码，但对于连续问题则需先对其进行离散化处理，再进行编码。同理，实数编码则是采用实数表示拟解决的问题，适用于解决复杂问题。此外还有用于解决高维问题的矩阵编码和处理树形和图形问题的树形编码。

（2）设置初始化种群

初始种群可随机生成，也可根据实际问题进行设置。初始种群的大小直接影响 GA 的搜索效率和搜索效果，初始种群过大会极大增加计算时间，初始种群过小则易出现过早收敛问题。设置初始种群时，一般选择既能迅速得到解，又能足够分散到解空间的个体作为初始种群。

（3）选择适应度函数

适应度函数用于评估种群中个体适应环境的优劣程度，是遗传中选择下一代种群的依据。适应度函数不仅影响 GA 的收敛速度，对最优解也有影响。适应度函数的值域小于 0，反映的是种群中个体对生存环境的适应能力，因此适应度函数越大越好。常用的适应度函数有：

1）由目标函数转化而来的适应度函数

若 $f(x)$ 为最大化问题的目标函数，则其适应度函数为

$$\text{Fit}(f(x)) = f(x) \qquad (2\text{-}23)$$

此时，目标函数 $f(x)$ 越大，适应度函数值越大。相应地，若 $f(x)$ 为最小化问题的目标函数，则其适应度函数为

$$\text{Fit}(f(x)) = -f(x) \qquad (2\text{-}24)$$

此时，目标函数 $f(x)$ 越大，适应度函数值越小。

2）由目标函数变换而来的适应度函数

若 $f(x)$ 为最大化问题的目标函数，则其适应度函数为

$$\text{Fit}(f(x)) = \frac{1}{1+c-f(x)} \qquad (2\text{-}25)$$

其中，$c \geq 0; c - f(x) \geq 0$。若 $f(x)$ 为最大化问题的目标函数，则其适应度函数为

$$\text{Fit}(f(x)) = \frac{1}{1+c-f(x)} \qquad (2\text{-}26)$$

其中，$c \geq 0; c + f(x) \geq 0$。

（4）选择操作

选择操作基于适应度函数值，从目前的种群中挑选出下一代种群。挑选种群的原则是个体的适应度函数值越大，个体越优秀，其存活的概率越高。通过选择操作，能较大幅度地提高全局优化效率。常用的选择方法包括锦标赛法、排名法和比例选择法，不同的方法适用于不同的问题。

1）锦标赛法

锦标赛法是指首先在当前的种群中随机选择一定数目的个体，再将其中适应度函数值最高的个体放入下一代种群中，如此反复，直至得到的下一代种群的规模与现有规模一致。

2）排名法

排名法是指首先将种群中的个体根据其自身的适应度函数值排序。然后对于适应度函数值大、排名靠前的个体分配较大的选择概率，反之适应度函数值小、排名靠后的个体分配较小的选择概率，并保证所有选择概率之和为1。最后根据选择概率从大到小选下一代种群的个体。选择概率的分配方式有如下两种。

一是线性分配。即对于第 i 个个体，其选择概率为

$$P_i = \left(a - \frac{b*i}{N+1}\right) * \frac{1}{N} \quad (2\text{-}27)$$

其中，a，b 为常数；$\sum_{i=1}^{N} P_i = 1$。

二是非线性分配。即对于第 i 个个体，其选择概率为

$$P_i = \begin{cases} q(1-q), & i = 1, 2, \cdots, N-1 \\ (1-q)^{i-1}, & i = 1, 2, \cdots, N \end{cases} \quad (2\text{-}28)$$

其中，q 为常数；$\sum_{i=1}^{N} P_i = 1$。

3）比例选择法

比例选择法是根据种群中各个体的适应度函数值所占比例选择下一代种群的方法。对于大小为 N 的种群的第 i 个个体，其选择概率为

$$P_i = \frac{f_i}{\sum_{i=1}^{N} f_i} \qquad (2-29)$$

其中，f_i 为第 i 个个体的适应度函数值。

（5）交叉操作

交叉操作的目的是确保父代的优秀基因能遗传到下一代。通过交叉操作，对种群中的个体进行配对，并让每对个体在一定概率下进行互换，同时交换彼此的基因。对于二进制编码，通常使用的交叉方法为单点交叉法和双点交叉法；而实数编码则主要使用双个体算数交叉法和多个体算数交叉法。

（6）变异操作

交叉操作和变异操作的作用是确保 GA 的搜索多样性。交叉操作是让配对的基因互相交换基因，变异操作则是对某个体的基因与其他个体的基因进行替换，从而实现对有效基因缺失的弥补，保障种群多样性。常用的变异操作包括基本位变异和边界变异。

2.2.4　Adaboost算法

Adaboost（adaptive boosting）算法最早由 Freund（1995）提出，自它问世便成了人工智能领域最重要的识别算法之一。它能将数个弱分类器整合为一个强分类器。该算法最初被用于对特征进行识别和分类，由于其理想的分类性能，Adaboost 算法逐渐被应用于各个领域（Guo et al., 2012）。不同于不注重更新连接权重的其他分类器，比如随机采样训练分类器，Adaboost 算法基于训练样本对分类器进行反复训练，并且在训练过程中利用自适应权重对具有不同训练误差的样本给予不同权重，从而实现以误差较大的训练个体为靶向，更新连接权重，提高分类系统或预测系统的性能。

对于训练样本 $T_n = \{(X_1, Y_1), (X_2, Y_2), \cdots, (X_n, Y_n)\}$，其中 Y 的取值范围为 $\{-1, 1\}$。令 $\omega_b(i)$ 为第 b 次循环中样本 (X_i, Y_i) 的权重，所有样本在初始状

态同等重要，即各样本权重的初始值均为 $1/n$，权重值 $\omega_b(i)$ 会在不断的训练中得到更新。假设第 b 次循环中输入变量 X_b 通过弱分类器训练的输出为 $C_b(X_i)$，则得到弱分类器的误差为

$$\varepsilon_b = \sum_{i=1}^{n} \omega_b(i)\xi_b(i) \qquad (2-30)$$

其中，有

$$\xi_b(i) = \begin{cases} 0, & C_b(X_i) = Y_i \\ 1, & C_b(X_i) \neq Y_i \end{cases} \qquad (2-31)$$

从而，第 $b+1$ 次循环的权重为

$$\omega_{b+1}(i) = \omega_b(i) * \exp(\alpha_b \xi_b(i)) \qquad (2-32)$$

其中，α_b 是由第 b 次循环弱分类器的误差计算而来的一个常数，即

$$\alpha_b = \ln((1-\varepsilon_b)/\varepsilon_b) \qquad (2-33)$$

常数 α_b 也叫学习率，由每次循环的误差函数计算而得。然后对权重进行正规化处理，保证所有权重之和为 1。相应地，$\varepsilon_b = 0.5 - \gamma_b$，其中，$\gamma_b$ 为第 b 次循环中弱分类器训练得到的最不理想样本的重要程度，其先验概率设为 0.5。经过这一处理，不正确分类样本的权重会被增加，正确分类样本的权重则会被减少，从而使得在后面的循环中能针对性地提高对错误分类样本的训练，增加学习效果，降低整体分类误差，提高分类器性能。

将上述过程循环 B 次，即 $b=1, 2, \cdots, B$，最后得到由各个弱分类器加权而来的强分类器，即

$$C(X) = \text{sign}\left(\sum_{b=1}^{B} \alpha_b C_b(X)\right) \qquad (2-34)$$

Freund 和 Schapire（1997）认为当循环次数 B 增加时，训练样本的误差将收敛于 0。在训练过程中，一般需设置目标训练误差，以作为训练的终止条件。

2.2.5 向量自回归模型

向量自回归模型（VAR）是描述变量间动态关系的经济学分析模型，其主要思想是将所有当期变量作为被解释变量，将所有变量的滞后变量作为解释变量，通过利用被解释变量对解释变量进行回归，构建非结构化多方程模型，实现对内生变量间动态关系的描述。

对于包含 N 个变量的时间序列变量 $\{y_{1t}, y_{2t}, \cdots, y_{Nt}\}$，构建 N 个回归方程，所有变量均分别作为回归方程的被解释变量，则可构建 N 元 VAR 模型为

$$
\begin{aligned}
y_{1,t} &= \alpha_{10} + \alpha_{11} y_{1,t-1} + \cdots + \alpha_{1p} y_{1,t-p} + \cdots + \varphi_{11} y_{N,t-1} + \cdots + \varphi_{1p} y_{N,t-p} + \varepsilon_{1t} \\
y_{2,t} &= \alpha_{20} + \alpha_{21} y_{1,t-1} + \cdots + \alpha_{2p} y_{1,t-p} + \cdots + \varphi_{21} y_{N,t-1} + \cdots + \varphi_{2p} y_{N,t-p} + \varepsilon_{2t} \\
&\vdots \\
y_{1,t} &= \alpha_{N0} + \alpha_{N1} y_{1,t-1} + \cdots + \alpha_{Np} y_{1,t-p} + \cdots + \varphi_{N1} y_{N,t-1} + \cdots + \varphi_{Np} y_{N,t-p} + \varepsilon_{Nt}
\end{aligned}
$$

（2-35）

其中，p 为解释变量的滞后阶数。将式（2-35）转化为向量，则有

$$
y_t = \begin{pmatrix} \alpha_{10} \\ \alpha_{20} \\ \vdots \\ \alpha_{N0} \end{pmatrix} + \begin{pmatrix} \alpha_{11} & \beta_{11} & \cdots & \varphi_{11} \\ \alpha_{21} & \beta_{21} & \cdots & \varphi_{21} \\ \vdots & \vdots & \ddots & \vdots \\ \alpha_{N1} & \beta_{N1} & \cdots & \varphi_{N1} \end{pmatrix} y_{t-1} + \cdots + \begin{pmatrix} \alpha_{1p} & \beta_{1p} & \cdots & \varphi_{1p} \\ \alpha_{2p} & \beta_{2p} & \cdots & \varphi_{2p} \\ \vdots & \vdots & \ddots & \vdots \\ \alpha_{Np} & \beta_{Np} & \cdots & \varphi_{Np} \end{pmatrix} y_{t-p} + \varepsilon_t
$$

（2-36）

将式（2-36）中的 $p+1$ 个系数矩阵分别简写为 $\Gamma_0, \Gamma_1, \cdots, \Gamma_p$，则有

$$
y_t = \Gamma_0 + \Gamma_1 y_{t-1} + \cdots + \Gamma_p y_{t-p} + \varepsilon_t \qquad (2\text{-}37)
$$

式（2-37）即为 VAR 系统。

2.3 本章小结

本章从碳排放权交易价格影响因素、碳排放权交易价格预测，以及碳排放权交易价格预警等方面对国内外现有研究进行梳理和总结，并阐述了本书涉及的主要技术方法的理论基础。

一方面通过相关研究综述发现，首先，碳排放权交易价格的影响因素主要涉及能源价格、国际碳资产、宏观经济政策、天气和网络搜索等因素，但现有研究主要着眼于挖掘这些影响因素对碳排放权交易价格原始序列的影响，而对碳排放权交易价格多尺度子序列的作用的阐释匮乏。其次，从预测模型方面来看，碳排放权交易价格预测研究主要经历了从基于传统计量方法的碳排放权交易价格预测研究，到基于单一人工智能模型的碳排放权交易价格预测研究，再到基于组合优化模型的碳排放权交易价格预测研究的发展过程。但现有研究对碳排放权交易价格预测模型的改进，忽略了因处理碳排放权交易价格非线性和混沌性难题而衍生的训练个体误差的差异性、误差叠加，以及白噪声序列等问题。最后，碳排放权交易价格预警逻辑过程是明确警义—确定警源—分析警兆—预报警度，因此碳排放权交易价格预警研究主要包括警义研究、警源和警兆研究以及预警方法研究。但现有的碳排放权交易价格预警研究主要以"嫁接技术"为主，忽视了碳排放权交易市场价格发现机制的现存问题。

另一方面，本章介绍的变分模态分解法、神经网络模型、遗传算法、Adaboost算法，以及向量自回归模型等技术方法的原理内容，为后文开展研究提供了技术支撑。

第3章　碳排放权交易价格预测与预警分析框架构建

系统掌握中国碳排放权交易市场的整体进展以及运行现状，挖掘碳排放权交易价格趋势特点，是对碳排放权交易价格进行预测与预警的重要依据。基于此，本章首先将探究碳排放权交易价格预测与预警分析框架的构建背景，提炼碳排放权交易价格的现存问题和隐患。其次，基于碳排放权交易市场发展的现实需求，分析碳排放权交易价格预测与预警分析框架构建要素的必要性。再次，结合外部性、科斯定理、均衡价值和溢出效应等理论，分析碳排放权交易价格的形成和运行机制。最后，考虑第2章中提炼的现有研究在碳排放权交易价格的影响因素、预测和预警等方面的不足，基于框架构建背景及要素必要性，设计碳排放权交易价格预测与预警分析框架，为开展后文研究提供现实依据和理论分析框架。

3.1　框架构建背景分析

本节将从碳排放权交易市场的发展历程、运行机制和运行效果三个方面剖析碳排放权交易价格预测与预警分析框架的构建背景，为构建碳排放权交易价格预测与预警分析框架提供现实依据。通过梳理碳排放权交易价格的发展历程，厘清构建碳排放权交易市场的背景、目的和脉络。通过分析碳排放权交易价格的运行机制，阐明碳排放权交易市场的内在运行逻辑。通过剖析碳排放权交易市场的运行效果，把握碳排放权交易价格的现存问题和隐患。

3.1.1 碳排放权交易市场的发展历程

20世纪末，全球气候发生重大改变，全球气温明显持续升高，全球变暖加剧（邵爱军 等，2010）。联合国政府间气候变化专门委员会（intergovernmental panel on climate change，IPCC）发现全球变暖源于社会经济发展过程中，化石能源燃烧导致的二氧化碳等温室气体的过度排放。在此背景下，1992年5月9日，联合国大会通过了世界上第一个控制温室气体排放、缓解全球变暖的国际公约——《联合国气候变化框架公约》，该国际公约于1994年3月21日正式生效。《联合国气候变化框架公约》制定了详细的节能减排制度，但这些制度的实施与落实并不理想。为切实应对全球气候变暖问题，1997年12月11日，第三次国际性气候会议上各国政府签订了《京都议定书》，强制性地确立了发达国家节能减排的责任和义务。而且《京都议定书》明确提出二氧化碳可作为商品在市场中流转、交易。自此，二氧化碳的资产属性得以确认，二氧化碳买卖油然而生。

《联合国气候变化框架公约》和《京都议定书》是全球应对气候变暖问题过程中的划时代公约。基于这两个公约，碳排放权交易市场诞生了3种交易机制，即国际排放贸易机制（international emissions trading，IET）、联合履约机制（joint implementation，JI）和清洁发展机制（CDM）。其中IET和JI的参与对象仅限为发达国家，发展中国家仅可参与CDM。CDM即发达国家向发展中国家提供资金和技术支持，通过互相合作实现节能减排。因此，中国作为发展中国家，CDM项目为中国参与全球碳排放权交易开创了唯一的一条路径。

中国经济的迅速崛起，使中国成为了全球最大的二氧化碳排放国。但中国一直注重节能减排，特别是实行 CDM 后，目前中国累计与发达国家合作开展了数千个 CDM 项目，居世界第一。但 2008 年金融危机重挫国际碳排放权交易市场，CDM 交易价格跌入谷底，且 CDM 机制下的碳排放权交易处于买方市场，作为碳排放权供给方的发展中国家较为被动。为加快实现减排目标，同时提升中国在国际碳排放权交易市场中的主动权和话语权，国家发展改革委办公厅于 2011 年 10 月 29 日发布《关于开展碳排放权交易试点工作的通知》，明确提出为推动运用市场机制以较低成本实现控制温室气体排放行动目标，加快经济发展方式转变和产业结构升级，同意北京、天津、上海、重庆、湖北、广东及深圳开展碳排放权交易试点市场。自此，中国拉开了建设碳排放权交易市场的序幕。

国家发展改革委发布《关于开展碳排放权交易试点工作的通知》（发改办气候〔2011〕2601 号）后，各试点地区陆续出台了相应的政策法规，积极推动建设碳排放权交易试点市场。2013 年，深圳、北京、广东、上海和天津 5 个碳排放权交易试点市场相继启动，中国碳排放权交易进入市场化阶段，标志着中国进入了"碳交易元年"。2014 年，陆续启动了湖北和重庆两个碳排放权交易试点市场。2016 年，又新增了福建碳排放权交易试点市场。至此，中国碳排放权交易试点市场全面铺开。

"十二五"规划提出要逐步建立碳排放权交易市场。深圳、北京等 8 个碳排放权交易试点市场是中国碳排放权交易市场建设中的第一步，第二步也是最重要的一步是启动全国碳排放权交易市场。2016 年 1 月 22 日，国家发展改革委办公厅发布《关于切实做好全国碳排放权交易市场启动重点工作的通知》（发改办气候〔2016〕57 号），着力推进全国碳排放权交易市场筹建工作。2021 年 7 月 16 日，经过多年的筹备，全国碳排放权交易市场正式启动。至此，中国碳排放权交易市场步入了试点市场与全国市场相互补充、相辅相成的发展阶段。

3.1.2 碳排放权交易市场的运行机制

碳排放权交易市场是二级市场,"一级市场"为政府分配。即政府根据碳减排计划,制定碳排放总体目标,再采取配额制度,根据一定的规则将配额分配给纳入碳排放权交易市场覆盖范围的控排企业。若控排企业碳排放量低于其拥有的配额,则可将多余的碳排放配额在二级市场上卖出,反之若控排企业碳排放量高于配额,则需从二级市场上买入配额,从而形成碳排放权交易。在碳排放权交易市场的作用下,控排企业受到经济刺激和利润激励,会加快技术创新,发展低碳生产技术,特别是减排成本相对较低的控排企业会率先进行减排,从而实现利用市场化手段达到节能减排的目的。

本部分通过对各碳排放权交易试点市场和全国碳排放权交易市场的建设实施方案、碳配额分配实施方案以及碳配额有偿发放工作方案等相关文件进行整理,梳理得到中国碳排放权交易市场机制,如表 3-1 所示。

表3-1 中国碳排放权交易市场机制

市场	启动时间	覆盖范围	企业纳入门槛	碳配额分配方式	CCER抵消比例	交易方式	涨跌幅限制
深圳	2013年6月19日	电力、水务、制造业等26个工业行业，企事业单位，大型公共建筑，国家机关建筑物，公共交通	>1万t（工业企业）；>0.5万t（非工业企业）	免费分配和拍卖相结合，以免费分配为主，但拍卖配额不得低于年度配额总量的3‰。配额计算方法为小部分电力企业按历史排放量；大部分电力企业、水务行业、其他工业行业、建筑业采用基准线法；制造业企业采用竞争性博弈分配法	10%	现货交易，电子拍卖，定价点选，大宗交易，协议转让等方式	10%（大宗30%）
北京	2013年11月28日	火力发电、热力生产和供应、水泥、石化、服务业、其他工业、城市轨道交通、公共电汽车客运	>0.5万t	免费分配和拍卖相结合，以免费分配为主，配额计算方法为水泥、石化、其他工业和服务业的既有设施按历史排放法；电力、热力既有设施按历史强度法；新增设施按行业基准线法	5%	公开交易和协议转让	20%
广东	2013年12月19日	电力（含热电联产）、水泥、钢铁、石化、航空、造纸、陶瓷、纺织、有色等行业	>2万t	免费分配和有偿分配相结合，以免费分配为主。配额计算方法为热电联产机组、水泥的矿山开采工序和其他钢铁粉磨工序企业，短流程以及其他钢铁企业按历史排放法；纯发电机组、水泥熟料生产工序和水泥墨粉工序、长流程钢铁企业按行业基准线法	10%	公开竞价和协议转让	10%

续表

市场	启动时间	覆盖范围	企业纳入门槛	碳配额分配方式	CCER抵消比例	交易方式	涨跌幅限制
上海	2013年11月26日	钢铁、石化、化工、电力热力、建材、纺织、造纸、陶瓷等工业行业，航空、机场、港口、商业、宾馆等非工业行业	>2万t（工业企业）；>1万t（非工业企业）	免费分配和有偿分配相结合，以免费分配为主，部分储备配额以有偿方式进入市场。配额计算方法为除电力之外的工业和铁路站点及商场、宾馆、商务办公建筑按历史排放法；电力、航空、机场和港口行业按行业基准线法	1%	公开交易和协议转让	30%
天津	2013年12月26日	电力热力、钢铁、化工、石化以及石油天然气开采五大行业和民用建筑领域	>1万t	免费分配和有偿分配相结合，免费分配为主，允许在市场价格过高时增加部分配额以有偿形式（拍卖或固定价格出售）进入市场。配额计算方法为电力、热力、热电联产行业按历史强度法，钢铁、化工、石化，尤其是开采行业既有设施按行业基准线法，新增设施按历史排放法	10%	网络现货交易、协议交易、拍卖交易	10%
湖北	2014年4月2日	建材、电力、冶金、钢铁、食品饮料、化工、石油、水泥、化工、汽车及其他设备制造、医药、造纸、化纤等行业	>6万t	免费分配和有偿分配相结合，免费分配为主。配额计算方法为水泥、电力行业采用标杆法；热力及热电联产、造纸、玻璃制造行业采用、水的生产和供应、设备制造行业采用历史强度法；其他行业采用历史排放法	10%	现货交易（电子竞价和网络报价结合）	10%（可调整）

续表

市场	启动时间	覆盖范围	企业纳入门槛	碳配额分配方式	CCER抵消比例	交易方式	涨跌幅限制
重庆	2014年6月19日	钢铁、有色、化工、电力、建材、航空等行业	>2万t	免费分配和有偿分配相结合，免费分配为主。"十二五"和"十三五"期间配额总量控制上限年度下降率分别为4.13%和4.85%，采用配额总量控制和企业申报相结合的方式进行分配	8%（限非水电项目）	公开竞价	涨跌幅比例可调整
福建	2016年12月22日	电力、石化、化工、建材、钢铁、有色、造纸、航空、陶瓷等行业	>1万t	免费分配和有偿分配相结合，免费分配为主。配额计算方法为电力、石化行业采用历史强度法；陶瓷、民航运输业采用基准线法；化工、有色、建材行业采用基准线法与历史强度法相结合	10%（林业碳汇项目）、5%（其他类型项目）	公开竞价、协议转让或符合国家和福建省规定的其他方式	10%
全国	2021年7月16日	电力行业已纳入，钢铁、有色、建材、石化、化工、造纸、航空等行业将逐步覆盖	>2.6万t	以免费分配为主，适时引入有偿分配	5%	协议转让、单向竞价或者其他符合规定的方式	10%

注：CCER（China Certified Emission Reduction）为国家核证自愿减排量。

资料来源：根据各碳排放权交易试点市场和全国碳排放权交易市场的建设实施方案、碳配额分配实施方案以及碳配额有偿发放工作方案等相关文件资料自行整理而得。

表 3-1 的结果显示，碳排放权交易试点市场方面，中国各碳排放权交易试点市场的覆盖范围基本呈现出由电力等重点行业，向钢铁、水泥、建材、航空、石化、化工、有色、造纸等高污染高排放行业，再向航空、港口、机场、铁路、商业、宾馆、金融等非工业行业的辐射路径。各碳排放权交易试点市场由于在经济发展需求、自身禀赋和区位优势等方面存在差异性，因此各试点市场的覆盖范围表现出"大同小异"的特点。而由于各试点地区间经济发展水平、产业结构、能源消费和碳排放情况等方面存在较大差异，各碳排放权交易试点市场的控排企业纳入门槛并未出现"一刀切"情形，而是表现出地区差异性和行业差异性，这为全国碳排放权交易市场的前期建设和后期完善提供了宝贵经验。在碳配额分配方面，所有碳排放权交易试点市场建立初期均采取免费分配方式，在碳排放权交易试点市场发展过程中逐渐引入有偿分配机制，并逐步提高有偿分配的比例，推动碳排放权交易市场化，撬动市场力量，助力经济低碳发展。

全国碳排放权交易市场方面，其覆盖范围以电力行业为突破口，首批纳入了 2 225 家电力企业，其余钢铁、有色、建材、石化、化工、造纸和航空 7 个重点排放行业也将按照"成熟一个、批准发布一个"的原则，逐步覆盖。其碳配额分配方式以免费分配为主，适时引入有偿分配，CCER 抵消比例固定为 10%。目前，机构投资者和个人投资者暂不能参与全国碳排放权交易市场，未来，8 大高耗能行业企业将成为碳排放权交易市场的主要参与主体。

3.1.3　碳排放权交易市场运行效果

3.1.3.1　碳排放权交易市场份额

碳排放权成交量和成交额等市场份额信息是表征碳排放权交易市场功能和效果的重要指标。2013 年以来，8 个碳排放权交易试点市场中，已有 7 个试点市场运行超 7 个或 8 个完整年度，启动时间较晚的福建碳排放权交易试点市场也已运行 5 个完整年度。截至 2021 年 12 月 31 日，8 个试点市场碳排放权累计成交量达 383 022.47 万 t，累计成交额达 90.64 亿元。2021 年全年，全国碳排放权交易市场累计成交量达 178 618.69 万 t，累计成交额为 76.60 亿元（见图 3-1）。

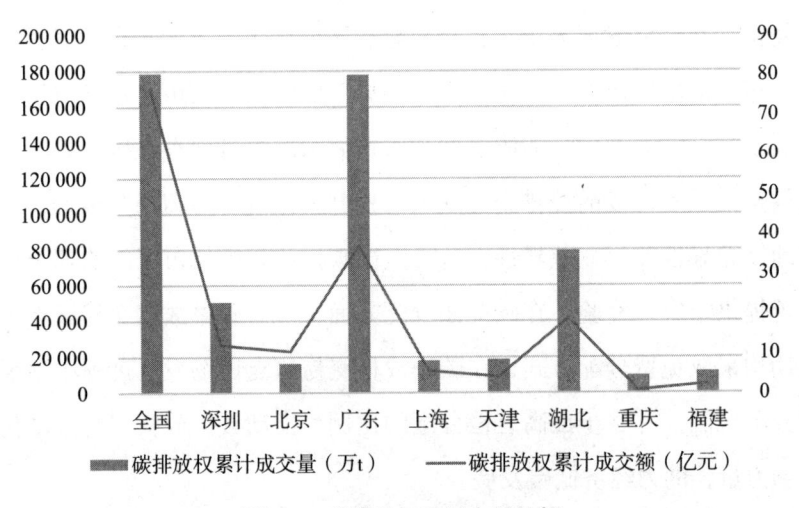

图3-1 碳排放权交易市场份额

图 3-1 表明，2021 年全国碳排放权交易市场的表现惊人，不足半年，其累计成交量和累计成交额远高于任一碳排放权交易试点市场，说明全国碳排放权交易市场富有潜力。在碳排放权交易试点市场方面，从累计成交量来看，8 个碳排放权交易试点市场的规模由大到小为广东＞湖北＞深圳＞天津＞上海＞北京＞福建＞重庆；从累计成交额来看，8 个碳排放权交易试点市场规模由大到小为广东＞湖北＞深圳＞北京＞上海＞天津＞福建＞重庆。碳配额累计成交量和累计成交额均表明广东、湖北和深圳 3 个碳排放权交易试点的市场份额最大，而福建和重庆两个碳排放权交易试点的市场份额最小。广东和深圳两个碳排放权交易试点的市场份额位居前三，说明广东省碳排放权的需求和交易量较大，这主要是由于广东省控排企业履约率较高，加之市民减排意识较强，从而提升了广东和深圳两个碳排放权交易试点的市场需求。湖北作为内陆试点，能超过众多沿海试点，跻身前三，主要在于其工业基础和产业结构，湖北省产业结构偏重、能耗强度偏高，大量控排企业拉升了对碳

排放权的需求；且湖北碳排放权交易试点市场门槛低、产品丰富，特别是其推出的全国首个碳排放权现货远期交易产品，不同于普通碳排放权交易市场产品，该产品分分秒秒均可进行交易，这不仅使得湖北碳排放权交易试点市场的交易量和交易额迅速攀升，对个人投资者和机构投资者也具有很强的吸引力。福建和重庆两个碳排放权交易试点的市场份额表现不佳，福建碳排放权交易试点市场是由于启动时间最短，相较于其他 7 个试点市场在交易量和交易额方面有明显的劣势；重庆碳排放权交易试点市场则是由于其根据控排企业年最高碳排放量确定历史排放量，使得碳配额分配过于宽松，导致市场需求严重不足。此外，天津碳排放权交易试点市场的累计成交量表现不俗，但其累计成交额排名较为靠后，可见该碳排放权交易试点市场的平均碳排放权交易价格相对较低。天津碳排放权交易试点市场高度集中覆盖于工业产业，而且天津碳排放权交易试点市场管理总体相对宽松，市场违规惩罚机制相对不足，因此导致该碳排放权交易试点市场的碳排放权交易价格长期表现低迷。

3.1.3.2 碳排放权交易市场活跃度

为进一步分析碳排放权交易市场的运行效果，本部分利用各碳排放权交易市场的样本量衡量各市场的活跃情况。各碳排放权交易市场自启动以来，截至 2021 年 12 月 31 日，剔除无交易量数据后，全国碳排放权交易市场样本量为 114，其他 8 个碳排放权交易试点市场的样本量从大到小依次为：深圳 1 858、湖北 1 818、广东 1 661、北京 1 232、上海 1 186、天津 764、重庆 727、福建 627。由于全国碳排放权交易市场以及 8 个碳排放权交易试点市场的样本长度均互不一致，为使得样本量具有可比性，本书取年均样本量反映各碳排放权交易市场的活跃程度（见图 3-2）。

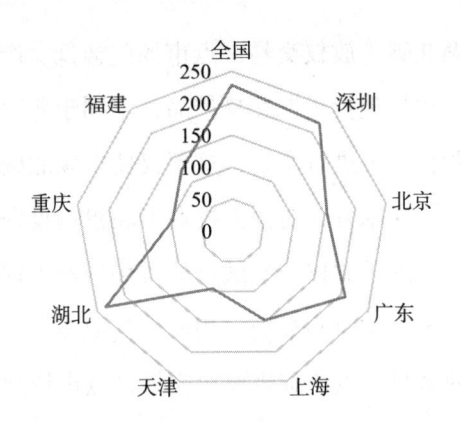

图3-2 碳排放权交易市场年均样本量

图 3-2 表明，从年均样本量来看，9 个碳排放权交易市场的活跃程度由高到低分别为：湖北＞全国＞深圳＞广东＞北京＞上海＞福建＞重庆＞天津。可见，迄今为止全国碳排放权交易市场的活跃度超过了绝大部分碳排放权交易试点市场的活跃度。在碳排放权交易价格试点市场方面，活跃程度最高的 3 个试点市场为湖北、深圳和广东，活跃程度最低的 3 个试点市场为福建、重庆和天津，这与 3 个高市场份额试点市场和 3 个低市场份额试点市场的结果较为契合。

湖北碳排放权交易试点市场在活跃程度方面领跑，与其坚实的经济基础密不可分，该碳排放权交易试点市场具有明显的交易主体基数优势，其市场交易主体不仅包括控排企业，甚至包含众多个人投资者和机构投资者，为其交易频率和交易稳定性提供了保障。广东和深圳两个碳排放权交易试点市场的活跃程度较高，除了其市场需求推动外，与其碳金融创新和服务创新等系列突出的创新也紧密相连。3 个低活跃度的试点市场中，福建在启动后的较长一段时间一直保持较高的活跃度，但后期，不连续交易日益增多，这种断断续续的交易降低了市场的稳定性，使得交易主体面临更大的市场风险，从而逐渐拉低了福建碳排放权交易试点市场的活跃程度。而重庆和天津两个试点市场活跃程度低迷，除了上述造成其成交量和成交额较低的原因之外，还与其碳配额分配机制不科学有重要关联。比如，上海碳排放权交易试点市场在样本期间内曾实行过一次性发放三年碳配额，导致控排企业看涨了该碳排放权交易试点市场的风险，而这种未来市场的不确定性增强了控排企业继续持有碳排放配额的意愿，致使市场碳配额供给不足，以及碳排放权交易市场的流动性差。

活跃的碳排放权交易市场的减排效果不言而喻，但低迷的碳排放权交易市场的作用见效甚微。而不论是活跃程度较高的湖北、深圳、广东3个碳排放权交易试点市场，还是活跃程度较低的福建、重庆、天津3个碳排放权交易试点市场，其样本量均小于市场运行期间的工作日数量，说明各碳排放权交易试点市场均出现了不同程度的"停滞"现象。尤其是重庆和天津碳排放权交易试点市场，二者的年均样本量均不足100。此外，上海碳排放权交易试点市场自2016年6月30日到2016年11月17日，长达4个半月里，仅出现了一次交易日，且样本期内出现较多连续无交易日。同样地，天津碳排放权交易试点市场在2016年7月1日—2019年5月31日近3年间仅有32个交易日。可见，碳排放权交易试点市场表现出"停滞"频现现象。因此，为确保发挥碳排放权交易市场的减排作用，未来中国碳排放权交易市场建设工作中，应着重避免因市场无交易出现连续"停滞"。

3.1.3.3 碳排放权交易价格趋势

将全国碳排放权交易价格，以及8个碳排放权交易试点市场的碳排放权交易价格进行可视化处理，得到碳排放权交易价格的历史趋势如图3-3所示。

（a）全国碳排放权交易价格历史趋势

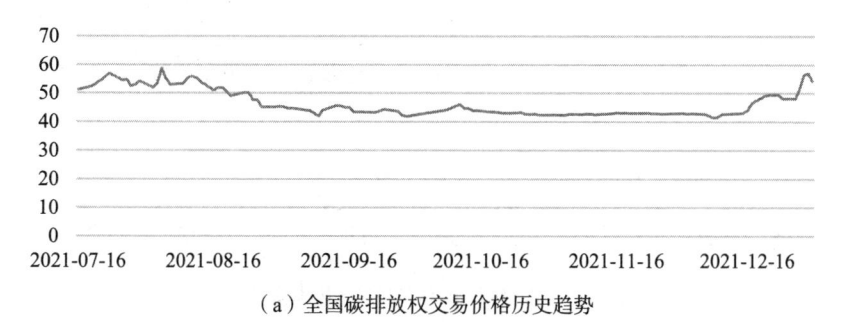

图3-3 碳排放权交易价格历史趋势

（b）深圳碳排放权交易价格历史趋势

（c）北京碳排放权交易价格历史趋势

（d）广东碳排放权交易价格历史趋势

（e）上海碳排放权交易价格历史趋势

图3-3　碳排放权交易价格历史趋势（续）

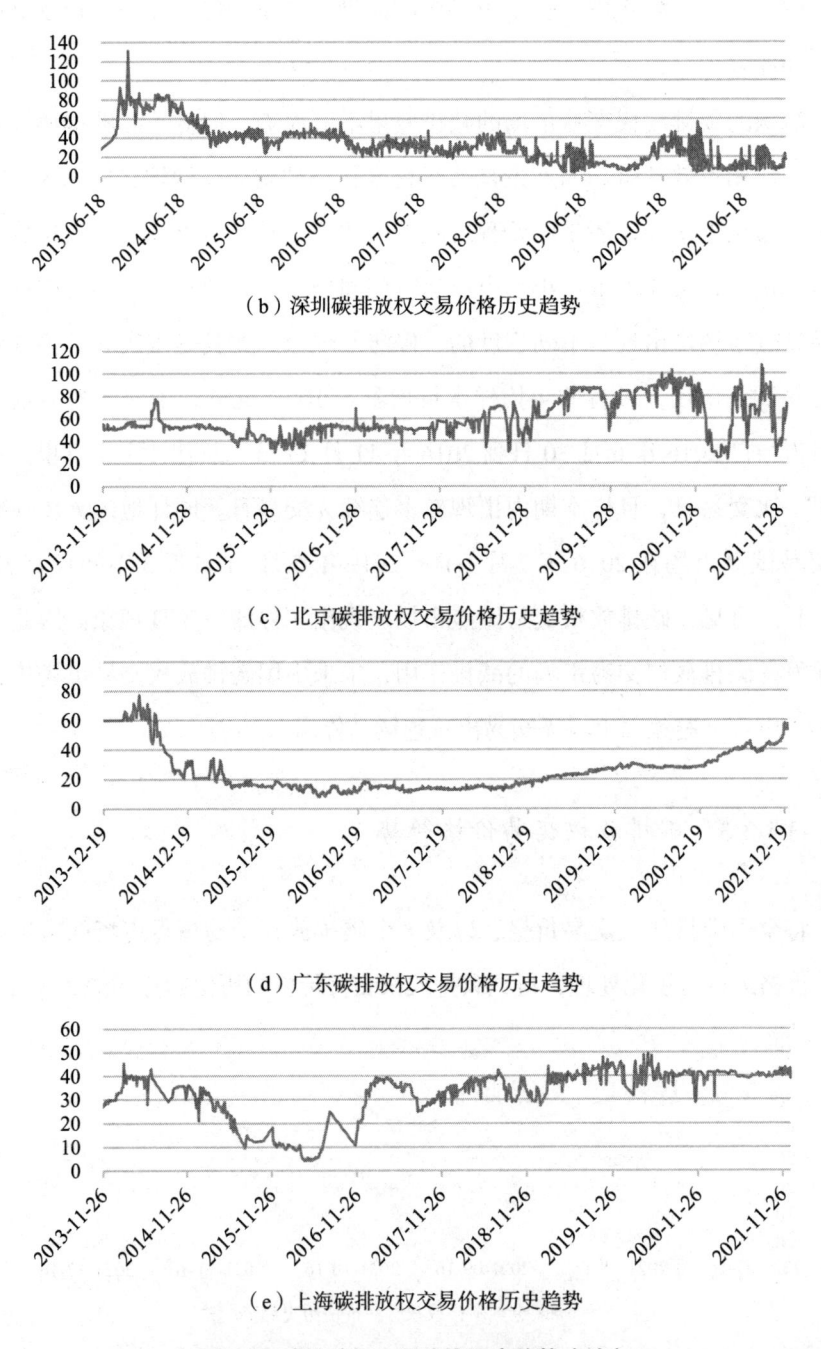

（f）天津碳排放权交易价格历史趋势

（g）湖北碳排放权交易价格历史趋势

（h）重庆碳排放权交易价格历史趋势

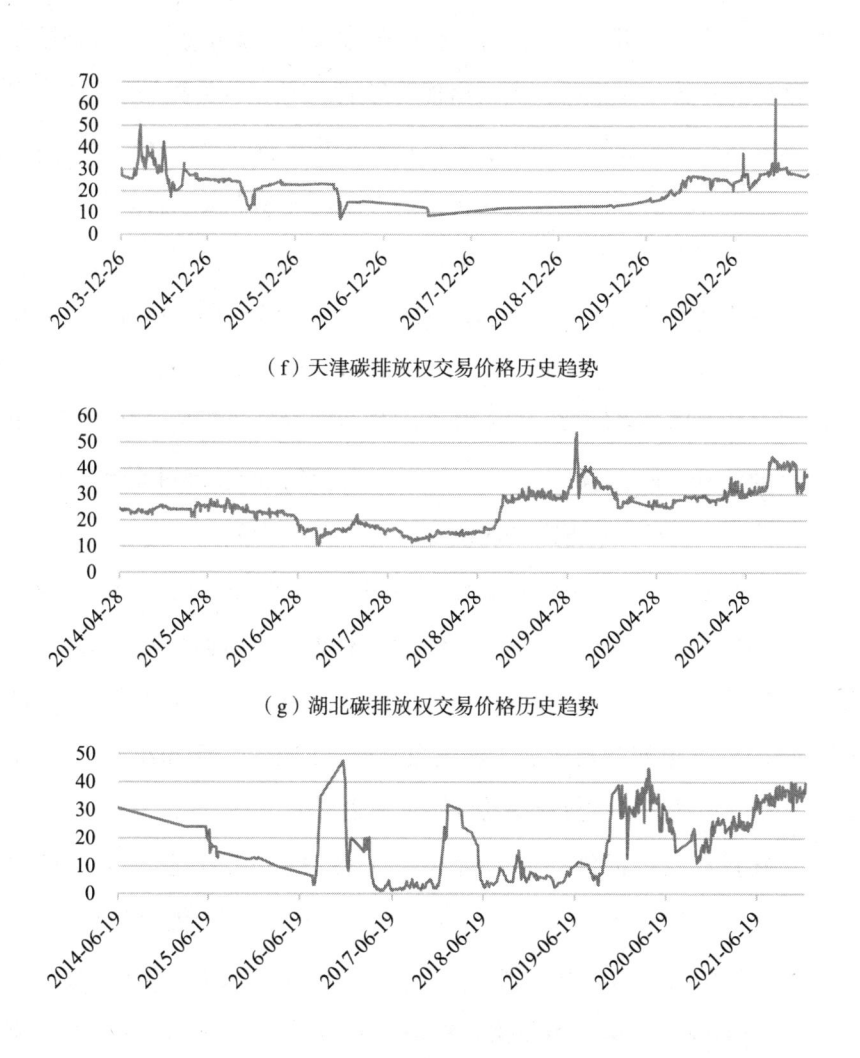

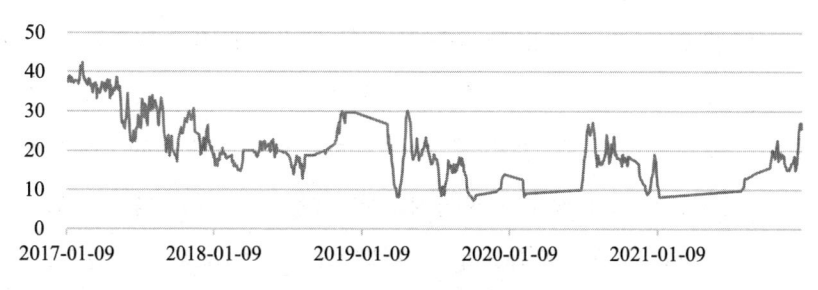

（i）福建碳排放权交易价格历史趋势

图3-3　碳排放权交易价格历史趋势（续）

图 3-3 的结果表明，整体而言，全国碳排放权交易市场方面，碳排放权交易价格目前趋势较为平稳，尚未出现明显的"跳水"现象。碳排放权交易试点市场方面，广东和湖北两个试点市场的碳排放权交易价格相对平稳，而其他 6 个试点市场的碳排放权交易价格的波动幅度非常大，且均出现过多次暴跌现象。

全国碳排放权交易价格最低为 2021 年 12 月 8 日的 41.46 元 /t，最高价格为 2021 年 8 月 4 日的 58.70 元 /t，均价为 46.60 元 /t。在样本期内，全国碳排放权交易市场交易频繁，启动初期碳排放权交易价格波动较大，并出现连续两月的波动下降，后又连续两月保持较为平稳的波动过程，2021 年 12 月全国碳排放权交易价格再次呈现较为剧烈的波动现象。

深圳碳排放权最低价格为 2019 年 5 月 10 日的 3.03 元 /t，最高价格为 2013 年 10 月 17 日的 130.90 元 /t，均价为 33.52 元 /t。深圳碳排放权交易试点市场交易频繁，碳排放权交易价格波动剧烈，2013—2019 年总体呈现波动下降趋势，2020 年初开始出现了连续数月的"回温"，但 2020 年 10 月中旬后出现了剧烈波动，碳排放权交易价格也随之下降。

北京碳排放权最低价格为 2021 年 4 月 15 日的 30.00 元 /t，最高价格为 2021 年 9 月 10 日的 107.26 元 /t，均价为 60.12 元 /t，该均价为 8 个碳排放权交易试点市场中的最高均价。北京碳排放权交易价格总体波动较为剧烈，尤其是 2021 年以来，其碳排放权交易价格波动幅度高达 77 元，可见北京碳排放权交易价格潜藏着巨大的波动风险。

广东碳排放权最低价格为 2016 年 7 月 1 日的 8.10 元 /t，最高价格为 2014 年 5 月 20 日的 77 元 /t，均价为 24.57 元 /t。广东碳排放权交易价格前期表现为"高开低走"，在"探底"前，一直呈现出阶段性的下降趋势，且在 2015 年的前几个月出现了样本期内最剧烈的波动，在"探底"后，广东碳排放权交易价格则节节攀升，呈现持续稳步上升的趋势，且波动性较弱，表明该试点市场运行相对平稳，市场机制较为成熟。

上海碳排放权最低价格为 2016 年 4 月 13 日的 4.20 元 /t，最高价格为

2020 年 4 月 27 日的 49.50 元 /t，均价为 33.33 元 /t。上海碳排放权交易价格总体非常不连续，且波动剧烈。上海碳排放权交易试点市场最明显的表现为 2016 年 6 月 29 日到 2016 年 11 月 18 日，长达 4 个半月里，仅出现了一次交易日，且样本期内出现较多连续无交易日，说明该碳排放权交易试点市场明显不成熟。

天津碳排放权最低价格为 2016 年 1 月 30 日的 7.00 元 /t，最高价格为 2021 年 6 月 16 日的 62.38 元 /t，均价为 24.94 元 /t。天津碳排放权交易试点市场在 2017—2019 年仅有 12 个交易日，这是其在 8 个碳排放权交易试点市场中活跃程度"垫底"的主要原因。而且天津碳排放权交易价格不仅在较长时间内表现持续低迷，且多次出现"忽高""忽低"现象。可见，天津碳排放权交易价格极易受到外界因素干扰。

湖北碳排放权最低价格为 2016 年 7 月 22 日的 10.38 元 /t，最高价格为 2019 年 6 月 4 日的 53.85 元 /t，均价为 24.71 元 /t。湖北碳排放权交易中心在碳排放权交易价格达峰前出现连续两周大涨后迅速回落，这与其一贯平稳的表现相背离。但湖北碳排放权交易价格总体趋势较为平稳，长期表现出较稳健的势头。

重庆碳排放权最低价格为 2017 年 5 月 3 日的 1.00 元 /t，最高价格为 2016 年 12 月 5 日的 47.52 元 /t，均价为 17.09 元 /t。重庆碳排放权交易价格在样本期间内出现了数次大起大落，甚至出现"断崖"式升降，反映其市场稳定性差，且可能该碳排放权交易试点市场建设在各方面均有不足。

福建碳排放权最低价格为 2019 年 10 月 11 日的 7.19 元 /t，最高价格为 2017 年 2 月 15 日的 42.28 元 /t，均价为 21.80 元 /t。福建碳排放权交易试点市场在启动初期的交易频率明显高于后续发展期的交易频率，虽然该碳排放权交易试点市场在启动初期表现"如火如荼"，但后期表现明显"乏力"，剧烈波动、持续低迷等问题层出不穷。

中国建立碳排放权交易市场的重要目的之一在于控制碳排放强度，因此各碳排放权交易试点市场和全国碳排放交易市场都承载着控制碳排放强度这一共同使命。通过分析8个碳排放权交易试点市场和全国碳排放权交易市场的运行效果，发现中国碳排放权交易市场的建设工作取得了一定的成绩，尤其是广东、湖北、深圳3个试点市场取得了较好的建设成效。而虽然重庆、福建和天津在交易量、交易额和活跃程度等方面表现欠佳，但这也正表明了全面有效的市场交易机制的重要性。因此，不管是卓有成效的广东、湖北和深圳3个试点市场，还是略显不足的重庆、福建和天津3个试点市场，其建设过程中都为全国碳排放权交易市场的前期筹建和后期完善提供了丰富的可借鉴的有益经验。

3.2 框架构建要素必要性分析

"双碳"目标是以习近平同志为核心的党中央做出的重大战略决策，为顺利实现"双碳"目标，必须充分挖掘碳排放权交易市场的作用。中国是全球最大的二氧化碳排放国，碳排放权交易市场潜力巨大。但是，中国碳排放权交易市场建设时间尚短，尤其是全国碳排放权交易市场运行时间有限。碳排放权交易市场尚不成熟，市场和非市场因素等冲击均会对碳排放权交易市场造成重大影响，从而削弱碳排放权交易市场的节能减排作用。而且，碳排放权交易试点市场的运行效果表明，中国碳排放权交易价格具有波动剧烈、"停滞"频现、活跃度低等方面的隐患，可见中国碳排放权交易市场价格发现机制并不完善。及时预防碳排放权交易市场现存隐患，是保障碳排放权交易市场发挥节能减排作用的关键所在。因此，需要准确把握碳排放权交易市场的趋势，合理应对市场风险，从而最大化发挥市场功能。对碳排放权交易价格进行预测与预警，不仅有利于把握碳排放权交易价格的发展趋势，而且能预判碳排放权交易市场的警情，从而有助于及时采取有效应对措施，缓解外部因素对碳排放权交易市场造成的冲击。因此，有必要构建碳排放权交易价格预测与预警分析框架，为中国碳排放权交易市场的发展"保驾护航"。

3.2.1 有效预测是准确把握碳排放权交易市场趋势的必要手段

碳排放权交易市场的运行效果表明碳排放权交易价格具有较强的波动性和不确定性，而且现阶段碳排放权交易市场缺少风险管理工具。因此对碳排放权交易价格进行预测，把握碳排放权交易市场的未来波动趋势，是防范碳排放权交易市场风险、维护碳排放权交易市场稳健运行的必要手段。可见，对碳排放权交易价格进行预测，是碳排放权交易市场当下的现实需求。然而，通过前文对国内外研究现状的梳理，发现现有研究对碳排放权交易价格进行预测时，常常忽略了因解决碳排放权交易价格非线性和混沌性难题而衍生的训练个体误差的差异性、组合预测误差叠加以及白噪声序列问题，从而导致碳排放权交易价格预测效果欠佳。可见，对碳排放权交易价格进行有效而准确的预测，是碳排放权交易价格预测研究待解决的主要问题。碳排放权交易市场的现实需求，以及碳排放权交易价格的学术研究，都表明亟须对碳排放权交易价格进行有效预测，以准确把握碳排放权交易市场的演变趋势。因此，对碳排放权交易价格进行有效预测是准确把握碳排放权交易市场发展趋势的必要手段。

3.2.2 厘清警源是合理应对碳交易市场风险的必要策略

目前碳排放权交易市场自身尚不成熟，面临外部冲击时，具有较强的脆弱性。而且，经济全球化背景下，碳排放权交易市场的外部冲击来源广、作用强。不仅有来自碳排放权交易市场供需关系的影响，还面临着能源价格、国际碳资产、宏观经济政策、天气甚至社会舆论等国内外因素的冲击。可见，不论是碳排放权交易市场内在脆弱性表现，还是碳排放权交易市场外部错综复杂的环境，都是导致碳排放权交易市场出现警情的隐患。虽然碳排放权交易价格预测有利于把握碳排放权交易市场的演变趋势，但是对防范警情的指导价值有限，更不能阻止发生警情。因此，需要考虑如何防范碳排放权交易市场警情，以及警情发生后如何有效进行及时应对。厘清警源即明确导致碳排放权交易市场出现警情的源头，识别可能引发警情的"火种"。厘清警源不仅能对碳排放权交易市场可能出现的警情进行提前防范，警情发生后也有利于第一时间扼住致警"咽喉"，及时止损。由此可见，厘清警源是合理应对碳排放权交易市场风险的必要策略。

3.2.3　及时预警是充分发挥碳交易市场功能的必要途径

从前文的分析结果可知，碳排放权交易价格的剧烈波动在所难免。然而，当碳排放权交易价格出现大幅"跳水"时，控排企业减排成本随之降低，控排企业节能减排信心受挫，不利于低碳生产技术的开发与创新，控排企业碳排放量随之增加，削弱了碳排放权交易市场节能减排的作用。当碳排放权交易价格表现为大幅上升时，减排成本随之增加，从而打击控排企业参与碳减排项目的主动性，造成控排企业碳排放量超额排放，致使碳排放权交易市场节能减排作用发挥失常。此外，碳排放权交易价格长期出现"停滞"频发、活跃度低等问题，而碳排放权交易市场低迷容易降低控排企业参与碳排放权交易的积极性，长期而言不利于刺激控排企业开展节能减排生产。可见，对碳排放权交易价格进行预警，及时预判碳排放权交易市场警情，能对碳排放权交易价格波动剧烈、"停滞"频现、活跃度低等问题进行预防，确保碳排放权交易市场正常有序运行，从而保障碳排放权交易市场实现节能减排作用。因此，及时预警是充分发挥碳排放权交易市场功能的必要途径。

3.3 碳排放权交易价格机制分析

碳排放权作为一种碳资产，具有强制性、排他性、稀缺性和可交易性特征。而碳排放权作为一种交易性碳资产，和其他商品类似，它具有交易属性，而其本质属性是具有价值。价格是价值的表现，本节将结合外部性、科斯定理均衡价值、边际成本以及溢出效应等理论，剖析碳排放权交易价格的形成机制。

3.3.1 基于外部性的碳排放权交易价格机制分析

外部性是指某个人或者某个群体的行为会给其他人或者群体带来影响。外部性可分为正外部性和负外部性。正外部性即某个人或者某个群体的行为会给其他人或者群体带来益处，且得到益处的其他个人或群体无须为此付出额外的费用；相反，负外部性是某个人或者某个群体的行为会给其他个人或群体的利益造成损失，且其不会因此承担任何额外的费用。

在经济社会中，企业开展生产活动时会排放出二氧化碳等温室气体和污染物，并给社会环境造成一定的污染，从而给社会中的其他个体造成负外部性。因此，若企业在生产活动中，仅考虑自身利益最大化，且无任何措施约束企业的排污行为，则每个企业都将排放出大量的温室气体和污染物，从而对环境造成严重的污染，并进一步影响社会的整体生产活动以及人类的生活质量。因此，启动碳排放权交易市场，通过市场化手段，利用"看不见的手"，约束控排企业的碳排放行为。其中，碳排放权交易价格是调控二氧化碳排放的重要手段。同时，由于碳排放的外部性，在市场化过程中，控排企业的碳排放决策也会对市场中碳排放权交易价格的形成造成影响。

3.3.2 基于科斯定理的碳排放权交易价格机制分析

科斯定理是由著名经济学家罗纳德·哈里·科斯提出的，主要有第一、第二和第三定理。科斯定理的核心思想是负外部性问题能以互相谈判的方式解决，并最终实现帕累托最优。也就是说，科斯定理旨在明确公共资源的使用权，通过明确产权，处理负外部性问题，从而促使市场达到帕累托最优。碳排放权交易市场为解决碳排放的负外部性问题创造了可交易的平台。若未对碳排放权加以约束，碳排放权将作为一种公共资源，重蹈"公共地悲剧"。碳排放权交易是科斯定理解决碳排放负外部性的具体应用，通过将碳排放权量化，再明确碳排放产权，从而使控排企业将碳排放权视为其自身的资源，进行优化配置。控排企业作为碳排放权交易市场的重要参与者，通过对碳排放权的优化配置，对碳排放权交易价格产生影响。

3.3.3 基于均衡价值的碳排放权交易价格机制分析

关于价格的形成，阿尔弗雷德·马歇尔从供求关系出发，提出了均衡价值理论。均衡价值理论表明，在市场其他条件一定的情况下，产品的价格会由于其供给增加或者需求减少而出现下跌，反之，当供给减少或者需求增加时将拉升产品价格。此外，当市场中出现供求相等时，那么市场将达到均衡状态，此时的市场价格就是均衡价格。在碳排放权交易市场中，碳排放权的供给者是控排企业，而控排企业的碳排放权来源于政府免费发放的碳排放权和拍卖而得的碳排放权。碳排放权的需求则受市场投资者的购买意愿所影响。因此，从均衡价值理论来看，碳排放权交易价格因碳排放权的供给和需求的波动而变化，并最终形成均衡的碳排放权交易价格。

3.3.4 基于溢出效应的碳排放权交易价格机制分析

溢出效应是金融市场中的常见现象，一般而言，金融市场间存在均值溢出效应和波动溢出效应。就碳排放权交易市场而言，若国际市场中的能源价格，或者国际市场中的碳排放权交易价格出现波动，则会对碳排放权交易市场产生溢出效应，从而出现由于某一市场的波动而引发其他跨国市场出现波动的现象。溢出效应的具体表现纷繁复杂，比如市场信息对跨市场交易者行为的影响。因此，当能源价格、国际碳资产价格、宏观经济等方面出现变化时，将会通过市场间的溢出效应使得碳排放权交易价格产生波动。尤其是对于碳排放权的衍生品市场而言，市场信息通过进一步影响衍生品市场中交易者的行为，形成"金融传染"，从而刺激碳排放权交易价格出现振荡。

3.4 框架设计

前文中，通过框架构建背景分析，发现碳排放权交易市场的价格发现机制尚不成熟、不完善，碳排放权交易价格也存在波动剧烈、"停滞"频现、活跃度低等隐患。不管是碳排放权交易市场的现存问题，还是碳排放权交易价格的具体隐患，都将会对投资者和监管者造成困扰，并阻碍碳排放权交易市场健康发展。而通过框架构建要素必要性分析，发现若想解决这一系列问题，则有必要对碳排放权交易价格进行有效预测，且厘清碳排放权交易价格波动警源以及对碳排放权交易价格及时预警。因此，本节将基于框架构建背景及框架构建要素的必要性分析结果，设计碳排放权交易价格预测与预警分析框架。首先，介绍框架设计总体思路，明晰碳排放权交易价格预测与预警分析框架的构建逻辑。其次，阐述框架内容，剖析碳排放权交易价格预测与预警分析框架各模块的构建机理。

3.4.1 框架设计总体思路

针对碳排放权交易市场价格发现机制不成熟、不完善等问题，以及碳排放权交易价格存在波动剧烈、"停滞"频现、活跃度低等隐患，着眼于投资者及监管者的现实需求，考虑第 2 章中提炼的现有研究在碳排放权交易价格影响因素、预测和预警等方面的不足，提出碳排放权交易价格预测与预警分析框架设计的总体思路，如图 3-4 所示。

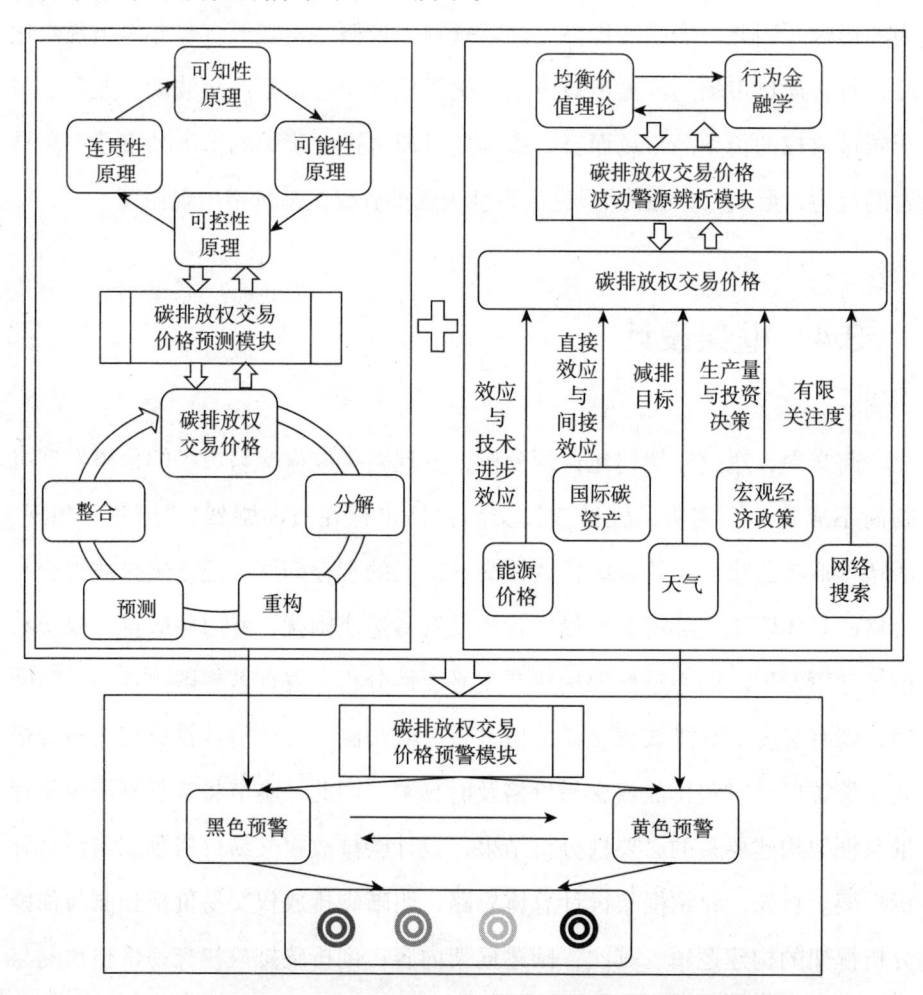

图3-4 碳排放权交易价格预测与预警分析框架设计的总体思路

由图 3-4 可知，碳排放权交易价格预测与预警分析框架由碳排放权交易价格预测、碳排放权交易价格波动警源辨析和碳排放权交易价格预警三大模块组成。首先，基于可知性、可能性、可控性和连贯性原理，构建碳排放权交易价格"分解—重构—预测—整合"综合策略，既把握碳排放权交易价格的未来演变趋势，也为开展碳排放权交易价格黑色预警研究提供支撑。其次，基于均衡价值理论和行为金融学等相关理论，辨析能源价格、国际碳资产、天气、宏观经济政策和网络搜索对碳排放权交易价格的影响机理，为开展碳排放权交易价格黄色预警研究提供支撑。最后，基于碳排放权交易价格预测模块和碳排放权交易价格波动警源辨析模块，开展碳排放权交易价格预警研究，预判碳排放权交易价格警情及致警原因。

3.4.2 框架内容

由于碳排放权交易价格预测与预警分析框架包括碳排放权交易价格预测、碳排放权交易价格波动警源辨析和碳排放权交易价格预警三大模块。所以本部分将从这三大模块出发，分别阐述碳排放权交易价格预测模块、碳排放权交易价格波动警源辨析模块和碳排放权交易价格预警模块的框架内容。

3.4.2.1 碳排放权交易价格预测模块

可知论认为世界上所有事物均能被认识，只有尚未认识的事物，而没有不能被认识的事物。预测科学以可知论为基础，通过科学研究，挖掘事物的演变规律，从而基于事物本身的演变规律，预测其未来的发展态势。因此，关于碳排放权交易价格，可以基于碳排放权交易价格的历史表现，总结其客观发展规律，有利于准确推断碳排放权交易价格的趋势变化。

预测科学是基于控制论、信息论以及系统论等科学理论，综合多学科基础和方法发展而来的现代科学，其一般原理包括可知性原理、可能性原理、可控性原理和连贯性原理等（齐小华 等，1994；王毅成 等，1998）。可知性原理与可知论相通，说明可以通过利用碳排放权交易价格的历史演变规律，推断其未来走势。可能性原理说明碳排放权交易价格的未来不是唯一不变的，而是具有不确定性，存在较多的可能。可控性原理基于控制论发展而来，说明可以通过预测对碳排放权交易价格的未来演变趋势进行控制。连贯性原理则由信息论发展而来，认为预测对象的发展具有一定的规律，若要推断碳排放权交易价格的未来发展趋势，则需考虑其历史演变特征。因此，本书以可知论为基础，根据碳排放权交易价格预测的可知性、可能性、可控性和连贯性原理，基于碳排放权交易市场对碳排放权交易价格预测的现实需求，考虑碳排放权交易价格预测的学术瓶颈，构建碳排放权交易价格"分解—重构—预测—整合"综合策略模块。

3.4.2.2 碳排放权交易价格波动警源辨析模块

碳排放权交易价格的形成及运行机理是构建碳排放权交易价格波动警源辨析模块的重要基石。价格理论是解释商品价格如何形成及运行的经济理论，包括劳动价值理论、边际效用理论和均衡价值理论等。其中劳动价值理论主要从劳动、价值和价格3个方面阐述价值理论，边际效用理论在阐述碳排放权交易价格方面存在局限性，而均衡价值理论则主要从商品的供给和需求两方面阐述价格的形成。因此，从均衡价值理论来看，碳排放权交易价格的形成主要与碳排放权的供给和需求有关。在确定的外部环境下，增加碳排放权的供给或者减少碳排放权的需求都会造成碳排放权交易价格下降；反之，碳排放权供给减少或者需求增加都会致使碳排放权交易价格上升。碳排放权交易市场的商品为碳排放权，现阶段其供给主要源于政府分配，需求则源于控排企业。换言之，当前碳排放权交易市场的供给主要由国家节能减排计划决定，具有明显的政策导向；而碳排放权交易市场的需求则由企业的减排意愿决定。因此，本书主要以均衡价值理论为基础，从碳排放权需求端构建碳排放权交易价格波动警源辨析模块。鉴于碳排放权需求端的警源错综复杂、不胜枚举,本书基于国内外研究现状,主要从能源价格、国际碳资产、宏观经济政策、天气以及网络搜索等方面辨析碳排放权交易价格波动的警源。

能源价格方面,能源价格对碳排放权交易价格的影响主要表现为能源替代效应和技术进步效应。能源替代效应方面,传统能源主要以煤炭、石油和天然气为主,但是燃烧单位煤炭、石油和天然气产生的碳排放量各不相同,具体表现为煤炭>石油>天然气。因此,当能源价格出现波动时,控排企业能源需求结构随之变化,不同能源间互相替换,控排企业碳排放量发生变化,从而影响碳排放权交易市场的需求,造成碳排放权交易价格出现波动。技术进步效应方面,能源价格的波动影响控排企业减排成本,能源价格过高会大幅促进控排企业进行技术创新,开发低碳生产技术,从而降低控排企业碳排放量,加剧碳排放权交易价格波动。

国际碳资产方面,国际碳资产价格对碳排放权交易价格的影响机理主要表现为直接效应和间接效应。直接效应方面,中国碳排放权交易市场起步比国际碳排放权交易市场晚了近十年,不论是市场机制、市场规模还是市场覆盖范围等方面,国际碳排放权交易市场均相对成熟。中国碳排放权交易市场在筹建与运行阶段,均借鉴了国际碳排放权交易市场较多有益经验,比如碳排放权交易价格制定经验。因此,国际碳资产价格出现波动必然会对中国碳排放权交易价格造成直接影响。间接效应方面,一是作为发展中国家参与国际碳排放权交易市场的唯一渠道,CDM 项目常年吸引了大量中国企业参与其中。当 CDM 项目中的核证减排量(certified emission reduction,CER)价格下降时,国际碳排放权交易市场表现为对 CER 的需求增加,进一步刺激中国企业参与 CDM 项目,积极开发节能减排生产技术,降低碳排放,从而加剧中国碳排放权交易价格波动。二是 EUA 和 CER 在国际碳排放权交易市场中表现为替代关系,即 EUA 价格上涨,则会拉升其替代品 CER 的市场需求,反之若 EUA 价格下降,则会降低 CER 的市场需求,从而基于 EUA 和 CER 替代关系造成的国际碳资产价格波动将会对中国碳排放权交易价格产生间接影响。

宏观经济政策方面，不论是控排企业生产决策，还是金融市场投资者策略均受宏观经济政策的引导。因此，宏观经济政策通过引导控排企业生产量及其投资决策对碳排放权交易价格产生影响。一方面，宏观经济政策收紧或放宽均会影响控排企业的生产决策，若控排企业扩大生产量，则其碳排放量必然增加，从而造成碳排放权交易市场需求增加，拉升碳排放权交易价格；反之，控排企业减少生产量，控排企业碳排放量降低，碳排放权交易市场有效需求不足，出现供大于求，致使碳排放权交易价格面临"跳水"风险。另一方面，宏观政策能直接影响控排企业投资开发节能减排技术的决策，从而长期影响控排企业的碳排放量水平，并最终影响碳排放权交易价格。

天气方面，主要是指空气质量指数（air quality index，AQI）和气温，若空气质量变差，气温出现极端异常现象，环境恶化，则会吸引全国，甚至世界各国的关注。为了应对环境恶化问题，政府可能会压缩碳排放空间，加大减排力度。在政府减排政策下，控排企业鉴于生产活动以及减排目标的双重压力，对碳排放权的需求增加，从而拉动碳排放权交易价格上涨。

网络搜索方面，碳排放权交易市场的参与者能够通过搜索引擎挖掘碳排放权交易市场的相关信息，从而基于自身掌握的有效信息做出投资决策，引起碳排放权交易价格产生波动。行为金融学中的有限关注理论认为由于投资者的时间和精力有限，并不会完全获取并利用市场上的信息，而是基于对自己已关注信息的分析，调整投资决策。因此，网络搜索大数据中隐藏着影响碳排放权交易市场参与者投资决策的关键信息，这类信息既是引起投资者关注的信息，也是影响碳排放权交易价格未来走向的重要因素。而且投资者通过搜索引擎进行的关注和搜索能被百度指数捕捉，从而为探究网络搜索对碳排放权交易价格的影响提供了可能。

3.4.2.3 碳排放权交易价格预警模块

前文文献综述中提到，经济预警方法分为五种，即黑色预警法、黄色预警法、红色预警法、白色预警法和绿色预警法。由于绿色预警法需借助遥感等现代科学技术，白色预警法尚在探索中，红色预警法过于繁杂，尚不适合初建的全国碳排放权交易市场，因此，本书主要利用黑色预警法和黄色预警法对碳排放权交易价格进行预警，即碳排放权交易价格预警模块包括碳排放权交易价格黑色预警和碳排放权交易价格黄色预警。碳排放权交易价格黑色预警的逻辑过程首先是明确警义，确定预警对象、警情指标，以及划分警限和警度；其次是剖析警情并预报警度，根据警情指标的历史变化规律，构建预警模型预报警度。碳排放权交易价格黄色预警的逻辑过程首先也是明确警义；再次是选择警兆，根据碳排放权交易价格波动警源辨析模块的结果，选择碳排放权交易价格警情的先兆指标；最后是预报警度，基于警兆指标，构建预警模型预报警度。

3.5 本章小结

本章首先从碳排放权交易市场的发展历程、运行机制和运行效果出发，探究了碳排放权交易价格预测与预警分析框架构建背景，发现了碳排放权交易价格的现存隐患。而后基于碳排放权交易市场发展的现实需求，阐述了碳排放权交易价格预测与预警分析框架构建要素的必要性。接着，基于外部性、科斯定理、均衡价值以及溢出效应等理论，阐述了碳排放权交易价格的形成机制。最后，考虑第 2 章中提炼的现有研究在碳排放权交易价格影响因素以及预测和预警等方面的不足，针对碳排放权交易价格现存问题和隐患，设计了碳排放权交易价格预测与预警分析框架。研究结果发现：

（1）从发展历程来看，中国碳排放权交易市场起步较晚，经历了从碳排放权交易试点市场，到全国碳排放权交易市场的发展过程。从运行机制来看，相较于国际碳排放权交易市场，中国碳排放权交易市场尚不成熟，市场和非市场因素等冲击均会对碳排放权交易市场造成重大影响，从而削弱碳排放权交易市场的节能减排作用。从运行效果来看，中国碳排放权交易市场建设工作取得了一定的成绩，但碳排放权交易价格具有波动剧烈、"停滞"频现、活跃度低等方面的隐患，碳排放权交易市场的价格发现机制并不完善。

（2）对碳排放权交易价格进行预测与预警，不仅有利于把握碳排放权交易价格的发展趋势，而且能预判碳排放权交易市场的警情，从而有助于及时采取有效应对措施，缓解外部因素对碳排放权交易市场造成的冲击。可见，有效预测是准确把握市场趋势的必要手段，厘清警源是合理应对市场风险的必要策略，及时预警是充分发挥市场功能的必要途径。

（3）基于碳排放权交易市场的现存问题，以及碳排放权交易价格的现实隐患，考虑投资者及监管者的现实需求，本书认为碳排放权交易价格预测与预警分析框架应由碳排放权交易价格预测模块、碳排放权交易价格波动警源辨析模块和碳排放权交易价格预警模块组成。

第4章　碳排放权交易价格多尺度特征提取

碳排放权交易价格的多尺度特征是碳排放权交易价格内在运行规律的具象表现，科学提取碳排放权交易价格的多尺度特征是实现碳排放权交易价格准确预测、碳排放权交易价格波动警源有效辨析，以及碳排放权交易价格及时预警的重要前提。本章将针对碳排放权交易价格的历史表现，提取不同波动尺度的碳排放权交易价格子序列，并从波动周期、相关系数以及方差比等方面，结合碳排放权交易价格子序列的经济意义，分别挖掘各碳排放权交易价格子序列的多尺度特征，以期为碳排放权交易价格预测、警源辨析，以及预警研究提供依据。

4.1　多尺度特征提取思路

碳排放权交易价格表现出非线性和混沌性（张晨 等，2016b），直接对碳排放权交易价格进行预测，拟合出的碳排放权交易价格历史演变规律具有一定误差。为了解决因碳排放权交易价格非线性和混沌性造成的拟合误差，本书从碳排放权交易价格自身入手，基于变分模态分解法（VMD）识别其内在演变规律，提取碳排放权交易价格多尺度特征，对碳排放权交易价格进行"提质"处理，从而降低对碳排放权交易价格的拟合难度。具体而言，碳排放权交易价格多尺度特征的提取思路为分解—求复杂度—聚类—重构—阐释。

首先，分解碳排放权交易价格。利用 VMD 将碳排放权交易价格分解为由一定个数的 IMF 和 1 个残余项（residue，Res）组成的碳排放权交易价格分量，VMD 分解得到的各分量具有明确的中心频率，即各分量的波动尺度互不相同，但波动规律较为清晰，不再表现出混沌性。但较多的分量导致不仅难以区分各分量所代表的多尺度特征，从而使得各分量间的特征"含糊不清"，而且对碳排放权交易价格进行预测时，若分量数量较多，则分别对各分量进行预测，通过加总得到组合预测结果时，会因为每个分量预测误差的叠加而拉大最终预测误差，致使降低组合预测效果（Sun et al.，2021）。因此，需根据各分量波动尺度的规律，对 VMD 分解得到的分量进行进一步处理，得到多尺度特征更为清晰的碳排放权交易价格子序列。

其次，计算碳排放权交易价格分量的复杂度。样本熵（sample entropy，SE）是 Richman 和 Moorman（2000）提出的一种定量评估时间序列数据复杂度的方法。不同于近似熵（approximate entropy，AE）存在统计量不一致问题，样本熵不依赖数据长度，且改进了近似熵的瓶颈，从而使测度结果表现出更好的准确性和一致性（Li et al.，2021）。前文中 VMD 的理论基础指出各 IMF 分量具有其自身的中心频率，因此各 IMF 分量具有不同的复杂度。鉴于样本熵在衡量时间序列数据复杂度方面的优势，本书利用样本熵度量碳排放权交易价格 IMF 分量的复杂度。

再次，碳排放权交易价格 IMF 分量聚类。碳排放权交易价格 IMF 分量的复杂度具有一定的聚焦性，利用聚类分析法对各 IMF 分量的样本熵进行分类，从而找准碳排放权交易价格 IMF 分量复杂度的聚焦特点。

从次，重构碳排放权交易价格多尺度子序列。基于聚类分析法的分类结果，对每一类的 IMF 分量进行加总重构，从而得到不同波动尺度的碳排放权交易价格子序列。

最后，阐释碳排放权交易价格子序列特征。从碳排放权交易价格子序列的平均周期、相关系数以及方差比等方面着手，结合现实经济意义，全方面阐释碳排放权交易价格的多尺度特征。

4.2 多尺度特征检验

碳排放权作为一种金融产品，由于市场和非市场等因素的影响，碳排放权交易价格往往具有混沌、分形等非线性特征。非线性是本书对碳排放权交易价格进行多尺度特征分析的基础，因此有必要识别碳排放权交易价格是否具有非线性，从而检验碳排放权交易价格是否可能具有多尺度特征。

4.2.1 样本选择

碳排放权交易市场是中国实现 2030 年前"碳达峰"和 2060 年前"碳中和"的"双碳"目标的核心政策和重要举措。自 2013 年至今，中国已陆续建成深圳、北京、广东、上海、天津、湖北、重庆和福建 8 个碳排放权交易试点市场，以及 1 个全国碳排放权交易市场。中华人民共和国生态环境部公布自 2021 年 2 月 1 日起施行《碳排放权交易管理办法（试行）》，该办法中的第二章第十三条规定，"纳入全国碳排放权交易市场的重点排放单位，不再参与地方碳排放权交易试点市场"。2021 年 7 月 16 日，全国碳排放权交易市场正式启动，全国首批 2225 家电力行业重点排放单位被纳入全国碳排放权交易市场[1]，即该批重点排放单位不再参与地方碳排放权交易试点市场。

自电力行业被纳入全国碳排放权交易市场履约范围，为助力实现碳达峰和碳中和目标，陆续开展了将建材行业和钢铁行业纳入全国碳排放权交易市场履约范围的相关工作。其他如石化、化工、有色金属、造纸和民航等高耗能、高污染行业目前虽尚停留在报告范围，但重化工业是能否顺利有效实现

---

[1] 中华人民共和国生态环境部．关于印发《2019—2020 年全国碳排放权交易配额总量设定与分配实施方案（发电行业）》《纳入 2019—2020 年全国碳排放权交易配额管理的重点排放单位名单》并做好发电行业配额预分配工作的通知 [EB/OL]．（2020-12-30）[2024-07-30].http://www.mee.gov.cn/xxgk2018/xxgk/xxgk03/202012/t20201230_815546.html.

"双碳"目标的关键行业，故与之相关的行业也必将是未来全国碳排放权交易市场重点考虑的行业。2021年7月26日，中华人民共和国生态环境部在例行新闻发布会上表示，全国碳排放权交易市场将按照"成熟一个、批准发布一个"的原则，陆续稳步扩大全国碳排放权交易市场覆盖的行业范围。全国碳排放权交易市场不仅将成为推动实现"双碳"目标、促进绿色低碳经济发展的重要力量，而且将为中国争取全球应对气候变化和生态文明建设进程中的话语权提供重要支柱。由此可见，全国碳排放权交易市场的建设和发展将在一定程度上替代地方碳排放权交易试点市场，未来全国碳排放权交易市场在中国碳排放权交易市场中的地位将举足轻重，并且具有成为中国未来碳排放权交易市场"主战场"的潜力。基于此，本书以全国碳排放权交易市场中的交易价格作为研究对象。

全国碳排放权交易市场启动后，虽然地方碳排放权交易试点市场涉及的控排企业若与全国碳排放权交易市场覆盖范围一致，则须纳入全国碳排放权交易市场，但地方碳排放权交易试点市场中有特色的仍可保留先行试点市场，故试点市场仍将继续存在，作为全国碳排放权交易市场的有益补充，与全国碳排放权交易市场相互补充、相辅相成，发挥当地经济发展过程中刺激能源转型、节能减排的倒逼作用。因此，地方碳排放权交易试点市场不仅能先行先试，为全国碳排放权交易市场发展提供有力的经验借鉴，而且能灵活运用市场手段，针对性地解决当地绿色低碳产业发展中所面临的问题。考虑到本章碳排放权交易价格多尺度特征提取，以及后文的碳排放权交易价格预测需进行对比分析和稳健分析，本书在碳排放权交易价格多尺度特征提取和碳排放权交易价格预测两部分中，选择市场活跃度最高且市场份额最大的广东和湖北的碳排放权交易价格为对比分析和稳健分析的对象，以验证碳排放权交易价格多尺度分解重构的合理性，检验碳排放权交易价格预测结果的鲁棒性。

因此，本书以全国碳排放权交易市场中的交易价格为研究对象，以最为成熟的广东和湖北两个碳排放权交易试点市场中的交易价格为对比分析对象。鉴于全国碳排放权交易市场于2021年7月16日才正式启动，其交易时间较短，为保证样本量相对充足，本书选择日度数据为样本数据。全国碳排放权交易市场选择 2021 年 7 月 16 日—2021 年 12 月 31 日的日度碳排放权交易价格。由于广东和湖北两个碳排放权交易试点市场的启动时间不一致，广东碳排放权交易试点市场于 2013 年 12 月 19 日启动，而湖北碳排放权交易试点市场于 2014 年 4 月 2 日启动。因此，考虑数据的可得性、可比性和有效性，且注重避免全国碳排放权交易市场与地方碳排放权交易试点市场的重叠，广东和湖北碳排放权交易试点市场选择 2015 年 1 月 1 日—2020 年 12 月 31 日的日度碳排放权交易价格[①]。

4.2.2　统计检验

碳排放权交易价格多尺度特征检验主要通过识别碳排放权交易价格是否具有非线性，从而判断碳排放权交易价格是否可能具有多尺度特征。第 3 章图 3-3 的碳排放权交易价格的历史趋势能从直观上反映其是否表现出非线性。图 3-3 的结果表明，全国碳排放权交易价格、广东和湖北碳排放权交易价格均表现出连续波动趋势，3 个市场的碳排放权交易价格历史趋势均呈现出了不同程度的非线性变化趋势。因此，从直观上来看，初步判别 3 个市场的碳排放权交易价格具有非线性特征，即碳排放权交易价格可能具有多尺度特征。

由于趋势分析的判断结果主观性较强，缺乏科学依据，而且全国碳排放权交易市场样本量不足试点市场样本量的 1/7，故难以从直观上判定全国碳排放权交易价格与其他两个试点市场碳排放权交易价格的波动强弱。因此，本部分将通过统计检验，从客观上识别碳排放权交易价格是否具有非线性，即是否有可能表现出多尺度特征。

本部分利用标准差检验样本数据的离散程度，采用偏度和峰度判别样本数据的正态分布性，利用 Jarque-Bera 检验（JB 检验）和 Lilliefors 检验进一

---

① 本书使用的碳排放权交易价格数据来源于 Wind 数据库，剔除无交易量数据后，缺失数据由中国碳交易网（http://k.tanjiaoyi.com/）公布的数据补充。

步检验样本的正态分布及其非线性特征。若样本数据服从正态分布，则此时其偏度应为 0，峰度应为 3，JB 检验和 Lilliefors 检验的统计量接近 0，对应的 P 值较大；反之，则表明样本不服从正态分布。JB 检验（Jarque et al.，1987）是利用样本分布的偏度和峰度计算 JB 统计量；Lilliefors 检验（Lilliefors，1967）则是改进的 Kolmogorov-Smirnov 检验（KS 检验）。相比于仅能检验标准正态分布的 KS 检验，JB 检验通过将正态分布与样本的经验分布进行比较，从而能实现更为一般的正态分布检验。本书利用 MATLAB R2015b 软件，计算全国碳排放权交易市场和两个碳排放权交易试点市场碳排放权交易价格的检验指标，得到结果如表 4-1 所示。

表4-1 碳排放权交易价格统计检验结果

市场	均值	标准差	偏度	峰度	JB 检验 P 值	Lilliefors 检验 P 值
全国	46.600 6	4.777 6	0.899 4	−0.649 7	0.004 8	0.001 0
广东	19.046 2	6.168 1	0.434 4	−1.250 8	0.001 0	0.001 0
湖北	23.095 7	6.890 6	0.426 0	0.092 7	0.001 0	0.001 0

表 4-1 的结果显示，首先，碳排放权交易价格在样本期内的标准差由高到低分别为：湖北＞广东＞全国。即湖北碳排放权交易价格的离散程度最大，广东碳排放权交易价格的离散程度次之，全国碳排放权交易价格的离散程度最小。而且广东和湖北两个试点市场碳排放权交易价格的离散程度较为相似，全国碳排放权交易价格与广东和湖北两个试点市场碳排放权交易价格的离散程度则相差较大。其次，偏度和峰度结果显示，3 个市场碳排放权交易价格的偏度均大于 0，说明碳排放权交易价格均表现出右偏态势；3 个市场碳排放权交易价格的峰度均明显小于 3，说明其曲线形状较为平缓，呈宽峰状。最后，3 个市场碳排放权交易价格的 JB 检验 P 值和 Lilliefors 检验 P 值均小于 0.01，说明在 1% 的显著性水平上，拒绝服从正态分布的原假设。因此，JB 检验和 Lilliefors 检验结果表明，3 个市场的碳排放权交易价格均具有非线性特征。

综上，无论是碳排放权交易价格的直观趋势，还是统计检验结果，都显示 3 个市场的碳排放权交易价格均存在非线性特征，即碳排放权交易价格存在多尺度特征。因此，本书所选择的 3 个市场的碳排放权交易价格均适合进行模态分解，以提取其多尺度特征。

4.3 多尺度分解与重构

多尺度特征检验结果表明，碳排放权交易价格存在多尺度特征。因此，根据碳排放权交易价格多尺度特征提取思路，本节首先对碳排放权交易价格进行分解，然后计算碳排放权交易价格分量的复杂度，并通过聚类分析法确定碳排放权交易价格的重构组合，基于重构组合得到碳排放权交易价格多尺度子序列。

4.3.1 碳排放权交易价格多尺度分解

由于 VMD 需要事先设定其分量的个数，即 IMF 个数与残余项 Res 之和。因此，先利用自适应噪声完备集合经验模态分解（complete ensemble empirical mode decomposition with adaptive noise，CEEMDAN）分别对 3 个市场的碳排放权交易价格进行分解，以 CEEMDAN 得到的碳排放权交易价格分量的数量作为 VMD 的碳排放权交易价格分量的个数。3 个市场的碳排放权交易价格通过 CEEMDAN 分解得到的碳排放权交易价格分量的数量如表 4-2 所示。

表4-2 CEEMDAN得到的分量数量

市场	全国	广东	湖北
数量	6	10	11

基于表 4-2 事先确定的碳排放权交易价格分量数量，利用 VMD 分别对 3 个市场的碳排放权交易价格进行分解。关于 VMD 的相关参数设置，惩罚因子 α 设为 2 000，噪声容忍度 tau 设为 0，直流分量 DC 设为 1，初始化中心频率 inti 设为 1，收敛准则容忍度 tol 设为 0.000 001。从而，利用 MATLAB R2015b 软件，得到 3 个市场碳排放权交易价格的 VMD 分解结果如图 4-1 所示。

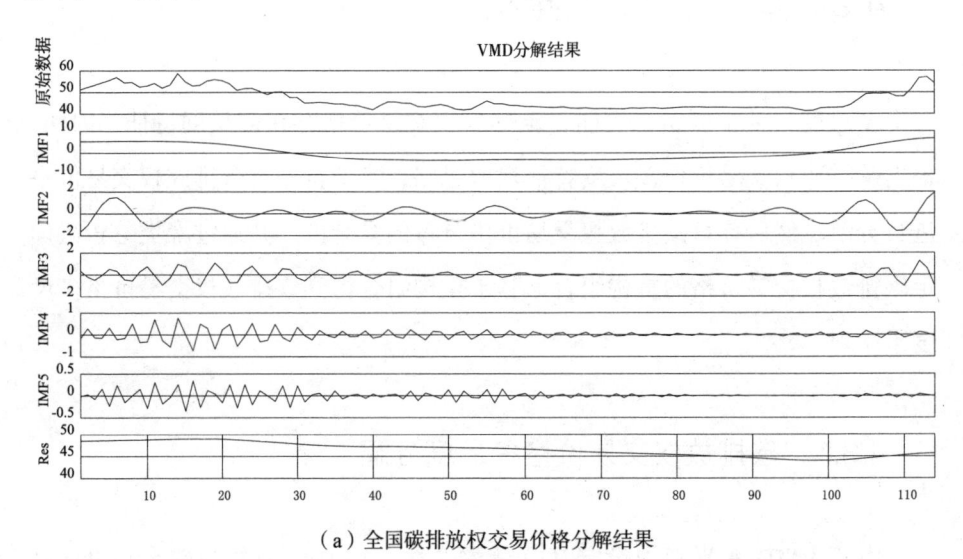

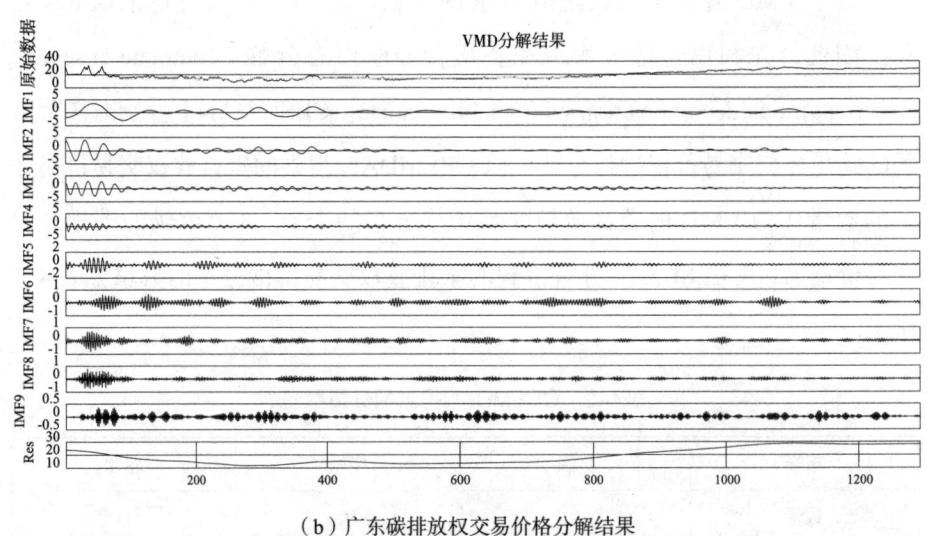

（a）全国碳排放权交易价格分解结果

（b）广东碳排放权交易价格分解结果

图4-1　碳排放权交易价格分解结果

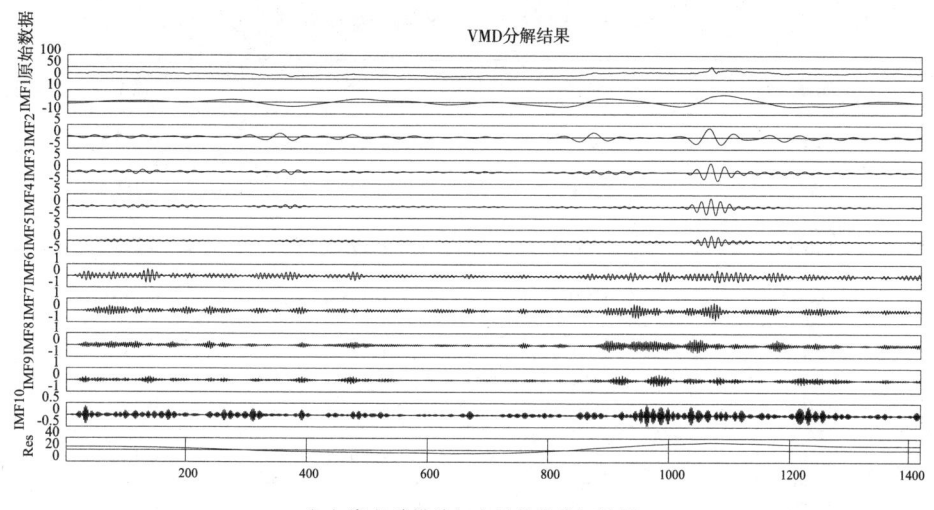

（c）湖北碳排放权交易价格分解结果

图4-1　碳排放权交易价格分解结果（续）

由图4-1可知，碳排放权交易价格被分解为多个IMF分量和一个低频残余项，所有IMF分量以及残余项都是碳排放权交易价格的分量。不论是全国碳排放权交易价格，还是广东和湖北碳排放权交易价格，碳排放权交易价格分解得到的每个IMF分量都有其自己的中心频率，且不同IMF分量的频率各不相同，相应的波动周期也长短不一。因此，不论是IMF分量的频率，还是Res分量的演变趋势，都直观验证了碳排放权交易价格具有多尺度特征，并且各分量的频率具有一定的聚焦性。

4.3.2　碳排放权交易价格多尺度重构

首先，由于残余项表征碳排放权交易价格的演变趋势（贺毅岳 等，2020），考虑到Res分量的低频、长周期属性，本书参考贺毅岳等（2020）的研究，以Res分量作为对应碳排放权交易价格分解重构后的长周期子序列。其次，鉴于样本熵在度量时间序列数据复杂度方面的优势，本书参考Li等（2021）的研究，基于MATLAB R2015b软件，利用样本熵测度各市场碳排放权交易价格分量的复杂度，测度结果如表4-3所示。

表4-3　碳排放权交易价格分量样本熵

分量	全国	广东	湖北
IMF1	0.061 2	0.174 6	0.119 1
IMF2	0.470 0	0.170 1	0.232 8
IMF3	0.231 8	0.192 8	0.214 7
IMF4	0.254 2	0.305 8	0.189 0
IMF5	0.338 2	0.457 0	0.240 0
IMF6		0.423 7	0.533 3
IMF7		0.594 7	0.468 0
IMF8		0.615 7	0.394 3
IMF9		0.474 6	0.467 9
IMF10			0.349 7

由表4-3的结果可知，3个市场碳排放权交易价格各IMF分量的样本熵明显大小不一，说明不论是全国碳排放权交易价格，抑或广东和湖北碳排放权交易价格，其IMF分量的复杂度互不相同。为进一步量化分析各IMF分量复杂度的分类特征，基于表4-3的测度结果，采用聚类分析法对3个市场的碳排放权交易价格IMF分量的样本熵进行分类，从而利用SPSS统计分析软件，得到各市场碳排放权交易价格子序列重构组合结果（见表4-4）。

表4-4　碳排放权交易价格子序列重构组合

碳排放权交易价格子序列	全国	广东	湖北
短周期子序列	IMF2、IMF5	IMF5～IMF9	IMF6～IMF10
中周期子序列	IMF1、IMF3、IMF4	IMF1～IMF4	IMF1～IMF5
长周期子序列	Res	Res	Res

根据表4-4中短、中、长周期子序列的组合，对3个市场碳排放权交易价格的子序列进行重构，从而得到重构合成的短周期子序列（CPSE1）、中周期子序列（CPSE2）和长周期子序列（CPSE3）（见图4-2）。

（a）全国碳排放权交易价格重构结果

（b）广东碳排放权交易价格重构结果

（c）湖北碳排放权交易价格重构结果

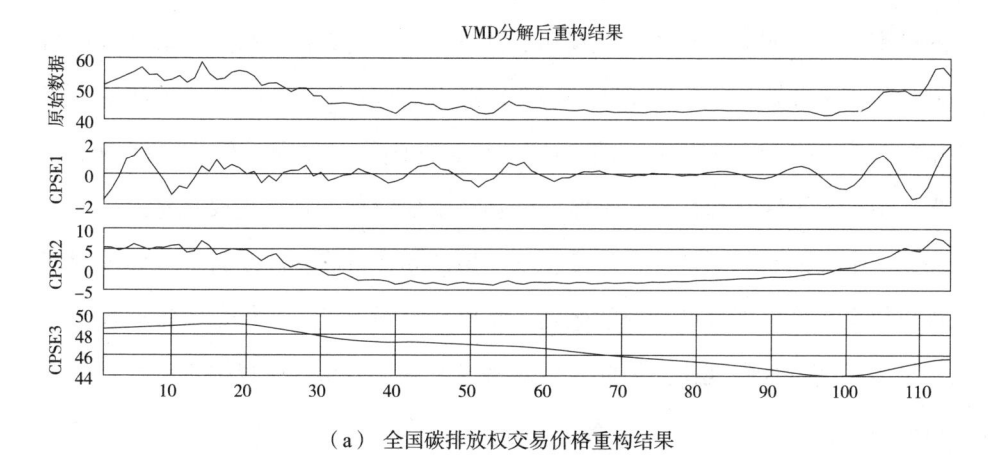

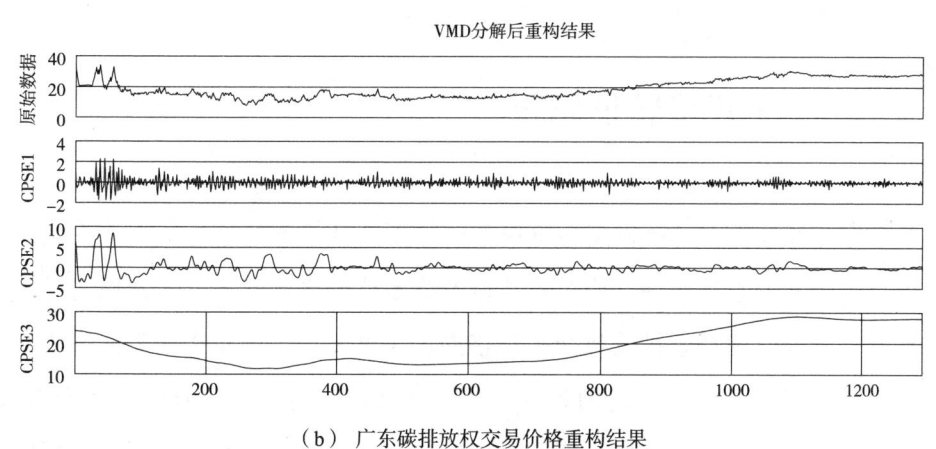

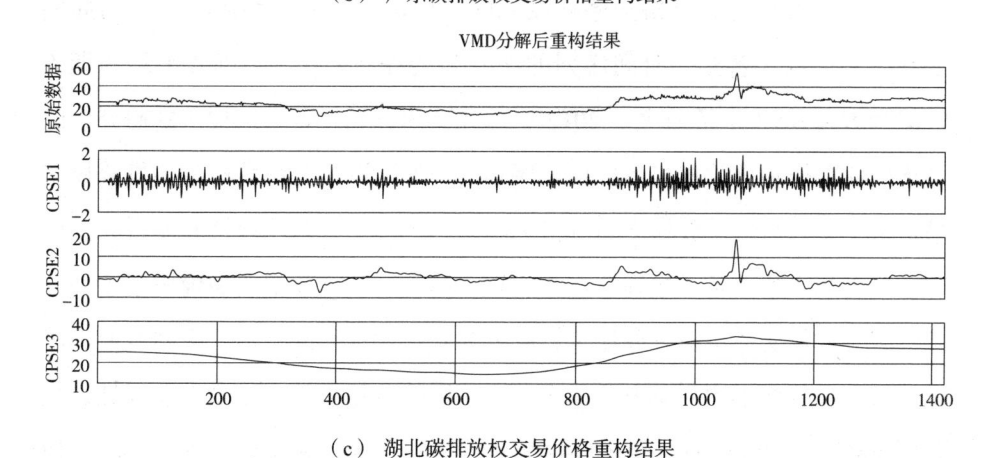

图4-2　碳排放权交易价格重构结果

由图 4-2 可知，3 个市场碳排放权交易价格的 CPSE1、CPSE2、CPSE3 的频率表现出明显的高频、中频和低频特征，说明碳排放权交易价格具有明显的短周期（高频）、中周期（中频）和长周期（低频）的多尺度特征。碳排放权交易价格经过分解和重构后，得到的碳排放权交易价格短周期子序列、中周期子序列和长周期子序列分别清晰地展现了碳排放权交易价格的短周期、中周期和长周期的多尺度特征。但图 4-2 只能从波动频率方面展现碳排放权交易价格多尺度特征的区别，难以从直观上进一步挖掘碳排放权交易价格多尺度特征的规律。因此，后文将进一步从多角度阐释碳排放权交易价格的多尺度特征。

4.4 多尺度特征阐释

为客观分析碳排放权交易价格的多尺度特征，本部分从碳排放权交易价格子序列的平均周期、相关系数以及方差比等方面着手，结合现实经济意义，全方面阐释碳排放权交易价格的多尺度特征。图 4-2 表明碳排放权交易价格子序列没有固定的频率，各子序列频率随着时间演变不断变换。因此，碳排放权交易价格子序列没有固定周期，只有平均周期。平均周期是在 T 时期内，若某一时间序列的波峰和波谷共计 S 个，则其平均周期 H 近似为 $H=2T/S$（朱帮助 等，2012）。本书参考朱帮助等（2012）的研究，以平均周期表征碳排放权交易价格子序列的周期，以相关系数衡量碳排放权交易价格子序列与碳排放权交易价格之间的相关性。方差比包括方差占原价格方差比重和方差占各子序列总方差比重，前者为碳排放权交易价格子序列方差占碳排放权交易价格方差比重，后者为碳排放权交易价格子序列方差占碳排放权交易价格子序列总方差比重。由于碳排放权交易价格具有非线性，且利用 VMD 进行分解时，碳排放权交易价格中加入了白噪声序列的影响，使得碳排放权交易价格长周期子序列、中周期子序列和短周期子序列的总方差与碳排放权交易价格的方差不相等。因此，本书同时选择方差占原价格方差比重和方差占各子序列总方差比重两种方差比来解释各碳排放权交易价格子序列对碳排放权交易价格的贡献。

4.4.1 短周期子序列特征分析

利用 MATLAB R2015b 软件中的 findpeaks 函数计算全国、广东和湖北 3 个市场的碳排放权交易价格短周期子序列的波峰数量，进而求得其平均周期。碳排放权交易价格短周期子序列的相关系数、方差占原价格方差比重以及方差占各子序列总方差比重由 EXCEL 直接计算而来，从而得到碳排放权交易价格短周期子序列特征如表 4-5 所示。

表4-5 碳排放权交易价格短周期子序列特征

碳市场	平均周期/天	相关系数	方差占原价格序列方差比重	方差占各子序列总方差比重
全国	5	0.222 7	12.75%	10.60%
广东	3	0.079 8	5.54%	4.47%
湖北	3	0.067 6	4.44%	3.51%

由表 4-5 的结果可知，平均周期方面，全国、广东和湖北 3 个市场碳排放权交易价格短周期子序列的平均周期分别为 5 天（交易日）、3 天（交易日）和 3 天（交易日），大约分别为 7 日历天、4 日历天和 4 日历天。可见，碳排放权交易价格短周期子序列频率高、平均周期短，可能主要反映突发事件对碳排放权交易价格的冲击。相关系数方面，全国、广东和湖北 3 个市场的碳排放权交易价格短周期子序列与其对应的碳排放权交易价格间的相关系数分别为 0.222 7、0.079 8 和 0.067 6，表明碳排放权交易价格短周期子序列与碳排放权交易价格的相关性较弱。方差比方面，3 个市场碳排放权交易价格短周期子序列的方差占原价格序列方差比重和方差占各子序列总方差比重均在 10% 左右，对碳排放权交易价格的贡献不高。综合相关系数和方差比的

结果，说明碳排放权交易价格短周期子序列不能反映碳排放权交易价格的主要趋势，但不能因此直接忽略碳排放权交易价格短周期子序列对碳排放权交易价格的表征作用。

为进一步探究碳排放权交易价格短周期子序列与碳排放权交易价格的关系，以及碳排放权交易价格短周期子序列对碳排放权交易价格贡献不高的原委。本部分将碳排放权交易价格与碳排放权交易价格短周期子序列进行对比（见图4-3）。

（a）全国碳排放权交易价格与短周期子序列

（b）广东碳排放权交易价格与短周期子序列

（c）湖北碳排放权交易价格与短周期子序列

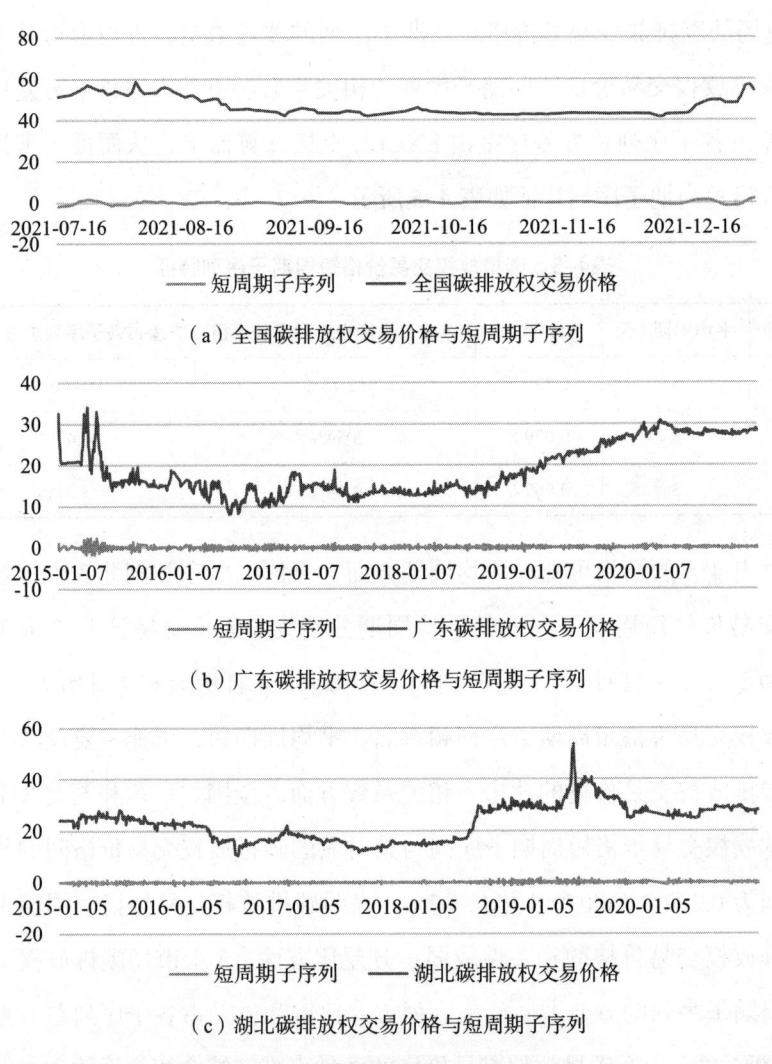

图4-3　碳排放权交易价格与短周期子序列

如图4-3所示，碳排放权交易价格短周期子序列主要反映碳排放权交易价格在短期内的波动状态，不能反映碳排放权交易价格的演变趋势。碳排放权作为一种特殊的金融产品，它与一般的金融产品一样，对市场供需关系非常敏感。即市场需求突增，碳排放权交易价格会上升；而市场需求锐减则会导致碳排放权交易价格下跌。碳排放权交易价格短周期子序列表现出周期短、频率高，即碳排放权交易价格对市场突发事件的反映，但这类突发性事件的影响非常有限，且不存在记忆性和规律性，体现了突发事件对碳排放权交易价格的短期影响。比如能源价格、工业生产、天气条件等方面的突发性变化，都会对碳排放权交易价格迅速造成影响，但这种影响不存在可持续性。其中，能源价格对控排企业的减排成本至关重要，当能源价格上升时，控排企业为控制生产成本，会通过调整能源结构和生产计划等系列手段减少对能源的需求，从而在一定程度上减少了碳排放，控排企业对碳排放权的需求也随即缩小，碳排放权市场供求关系发生变动，进而使得碳排放权交易价格出现波动。碳排放权交易价格难以直接呈现这类短期冲击的影响，从碳排放权交易价格中剥离而来的碳排放权交易价格短周期子序列，则正好能清晰地表征碳排放权交易价格受到这类短期冲击的波动情况。

4.4.2 中周期子序列特征分析

通过计算全国、广东和湖北3个市场的碳排放权交易价格中周期子序列的平均周期、相关系数、方差占原价格方差比重，以及方差占各子序列总方差比重，得到碳排放权交易价格中周期子序列特征如表4-6所示。

表4-6 碳排放权交易价格中周期子序列特征

碳市场	平均周期/天	相关系数	方差占原价格序列方差比重	方差占各子序列总方差比重
全国	11	0.911 8	74.42%	61.84%
广东	13	0.290 1	22.76%	18.40%
湖北	13	0.539 8	36.58%	28.89%

由表4-6的结果可知，平均周期方面，全国、广东和湖北3个市场的碳排放权交易价格中周期子序列的平均周期分别为11天（交易日）、13天（交易日）和13天（交易日），大约分别为15日历天、18日历天和18日历天。可见，全国碳排放权交易价格中周期子序列的平均周期与两个试点市场的碳排放权交易价格中周期子序列的平均周期相差较小。相关系数方面，全国、广东和湖北3个市场的碳排放权交易价格中周期子序列与其对应的碳排放权交易价格间的相关系数分别为0.911 8、0.290 1和0.539 8。方差比方面，全国、广东和湖北3个市场碳排放权交易价格中周期子序列的方差占原价格序列方差比重以及方差占各子序列总方差比重分别为74.42%、22.76%、36.58%以及61.84%、18.40%、28.89%。从相关系数和方差比来看，全国碳排放权交易价格中周期子序列与全国碳排放权交易价格的相关性较强，且对全国碳排放权交易价格的贡献也较高；广东和湖北碳排放权交易价格中周期子序列与其碳排放权交易价格的相关性则不强，且对其碳排放权交易价格的贡献度也不高。

为进一步挖掘3个市场碳排放权交易价格中周期子序列特征出现差异化的原因，本部分将碳排放权交易价格与碳排放权交易价格中周期子序列进行对比（见图4-4）。

(a) 全国碳排放权交易价格与中周期子序列

(b) 广东碳排放权交易价格与中周期子序列

(c) 湖北碳排放权交易价格与中周期子序列

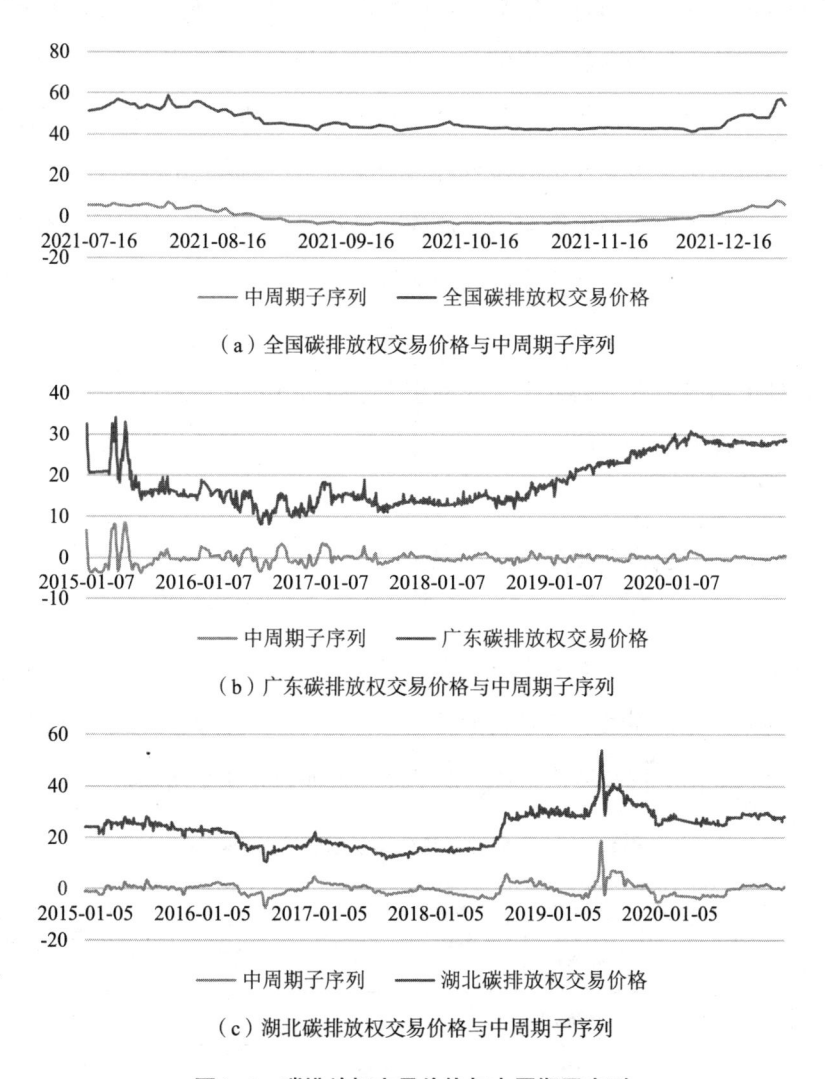

图4-4 碳排放权交易价格与中周期子序列

图4-4的结果表明,通过对比碳排放权交易价格和碳排放权交易价格中周期子序列,发现中周期子序列表现为振幅较大,频率相对较高,主要反映碳排放权交易价格受到重大事件的持续影响所表现出的趋势特征。由于碳配额分配、信息泄露、重大公共卫生事件及经济危机等发生频率低、冲击性大的重大事件对碳排放权交易市场的影响难以迅速消失,即重大事件对碳排放权交易价格的影响具有持续性(朱帮助 等,2012),所以碳排放权交易价格

不仅会直接受到市场因素的影响产生剧烈波动，而且会因为重大事件的持续影响，而在较长时间内表现出较为一致的波动趋势。碳排放权交易价格中周期子序列则反映了碳排放权交易价格受到市场因素和重大事件持续影响的波动规律。但不论是表 4-6 中的碳排放权交易价格中周期子序列的特征，还是图 4-4 中碳排放权交易价格与碳排放权交易价格中周期子序列的对比图，都反映了全国、广东和湖北 3 个市场的碳排放权交易价格中周期子序列所呈现的规律有一定差别。由此可见，由于目前 3 个碳排放权交易市场的建设成效不同，各市场成熟度或高或低，受到重大事件冲击时，碳排放权交易价格对其的反映出现了较大差异。

4.4.3　长周期子序列特征分析

分别计算全国、广东和湖北 3 个市场的碳排放权交易价格长周期子序列的平均周期、相关系数、方差占原价格方差比重以及方差占各子序列总方差比重，得到碳排放权交易价格长周期子序列特征如表 4-7 所示。

表4-7　碳排放权交易价格长周期子序列特征

碳市场	平均周期/天	相关系数	方差占原价格序列方差比重	方差占各子序列总方差比重
全国	38	0.645 2	33.17%	27.56%
广东	108	0.968 2	95.43%	77.13%
湖北	75	0.928 9	85.58%	67.60%

由表 4-7 可知，平均周期方面，全国、广东和湖北 3 个市场的碳排放权交易价格长周期子序列的平均周期分别为 38 天（交易日）、108 天（交易日）和 75 天（交易日），大约分别为 60 日历天、150 日历天和 105 日历天。可见全国碳排放权交易价格长周期子序列的平均周期较两个试点市场碳排放权交易价格长周期子序列的平均周期更短。相关系数方面，全国、广东和湖北 3 个市场的碳排放权交易价格长周期子序列与其对应的碳排放权交

易价格间的相关系数分别为 0.645 2、0.968 2 和 0.928 9。广东和湖北碳排放权交易价格长周期子序列与其对应的碳排放权交易价格间的相关系数高达 90% 以上，说明试点市场的碳排放权交易价格长周期子序列与碳排放权交易价格高度相关，对于相对成熟的碳排放权交易试点市场，碳排放权交易价格长周期子序列对判别碳排放权交易价格长期均衡态势具有重要作用。方差比方面，全国、广东和湖北 3 个市场的碳排放权交易价格长周期子序列的方差占原价格序列方差比重和方差占各子序列总方差比重分别为 33.17%、95.43%、85.58% 和 27.56%、77.13%、67.60%。广东和湖北碳排放权交易价格长周期子序列的方差比显著较高，而全国碳排放权交易价格长周期子序列的方差比相对较低。可见，方差比方面的结果与相关系数反映的结果较为一致。

  由此可见，广东和湖北两个试点市场的碳排放权交易价格长周期子序列特征非常相似，而全国碳排放权交易价格长周期子序列特征与两个试点市场的特征还有一定差距。相较于全国碳排放权交易市场，广东和湖北两个碳排放权交易试点市场相对成熟。全国碳排放权交易市场正处于起步阶段，全国碳排放权交易价格长周期子序列表现出的规律特征还有所偏差，正需要结合相对成熟的试点市场碳排放权交易价格的表现来辩证地看待这种偏差。因此，通过将全国碳排放权交易价格长周期子序列特征和两个试点市场的碳排放权交易价格长周期子序列的特征进行对比，发现随着全国碳排放权交易市场的逐渐发展，全国碳排放权交易价格长周期子序列对全国碳排放权交易价格的贡献还将不断提升。

  将碳排放权交易价格与碳排放权交易价格长周期子序列进行对比如图 4-5 所示。

(a) 全国碳排放权交易价格与长周期子序列

(b) 广东碳排放权交易价格与长周期子序列

(c) 湖北碳排放权交易价格与长周期子序列

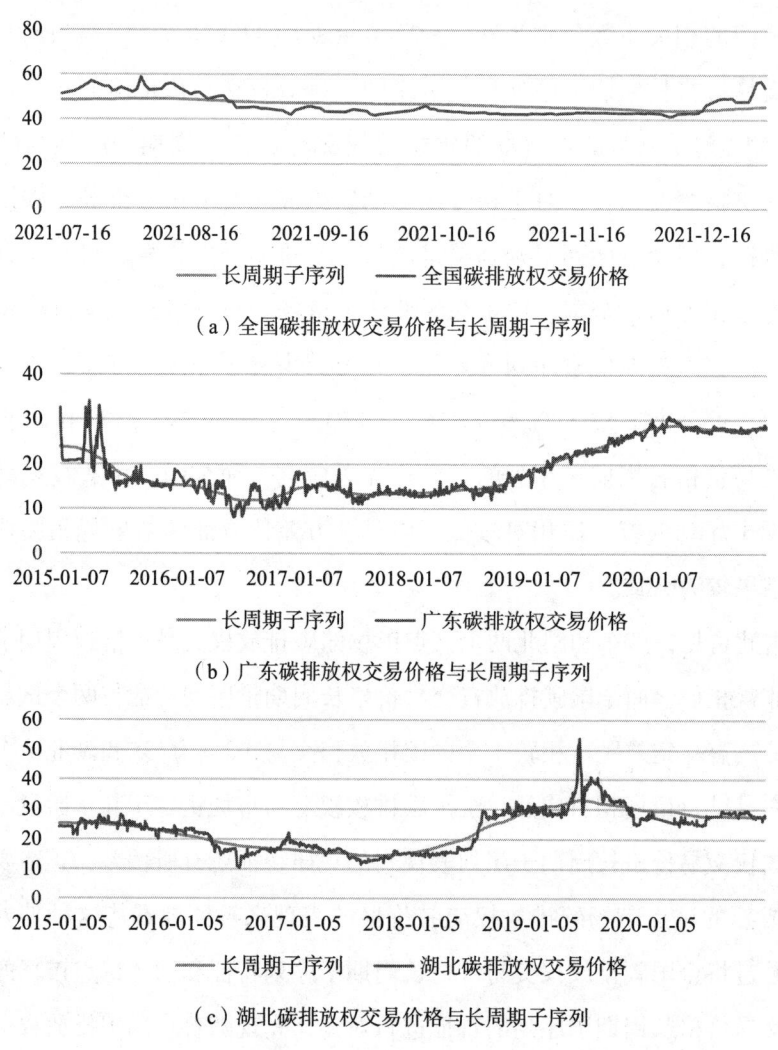

图4-5 碳排放权交易价格与长周期子序列

图4-5表明碳排放权交易价格长周期子序列与碳排放权交易价格的演变趋势较为一致，特别是较为成熟的两个试点市场，广东和湖北碳排放权交易价格基本围绕其长周期子序列上下波动。可见，碳排放权交易价格长周期子序列是碳排放权交易价格的趋势项，主要反映其长期均衡态势，体现碳排放权交易价格的内在运行轨迹，具有重要的经济意义。碳排放权交易价格长期均衡态势是碳排放权交易市场价格发现功能的具象表现，是市场利益相关者综合博弈的结果。虽然短期碳排放权供求失衡、利益相关者投机操作、国内

外突发事件等因素均可能造成碳排放权交易价格产生剧烈的波动,在短期内表现出大幅上升或者下降,从而出现碳排放权交易价格远离碳排放权交易价格长周期子序列的趋势,但是,当类似的短期冲击因素的影响逐渐消退后,碳排放权交易价格将向碳排放权交易价格长周期子序列趋势靠拢,从而回到碳排放权交易价格长周期子序列附近。

4.4.4　多尺度特征对比分析

平均周期方面,碳排放权交易价格短周期子序列的平均周期为几天,碳排放权交易价格中周期子序列的平均周期为几周,而碳排放权交易价格长周期子序列的平均周期为几个月。各碳排放权交易价格子序列的平均周期区别明显,可见,对碳排放权交易价格进行分解与重构处理后,基本解决了碳排放权交易价格原始序列的混沌性,以及碳排放权交易价格分量间多尺度特征的模糊性。

相关系数以及方差比方面,两者的结果具有较高的一致性,对于全国碳排放权交易市场,3个碳排放权交易价格子序列与碳排放权交易价格相关性和方差比由强到弱均为中周期＞长周期＞短周期;对于碳排放权交易试点市场,3个碳排放权交易价格子序列与碳排放权交易价格相关性和方差比由强到弱均为长周期＞中周期＞短周期。碳排放权交易价格短周期子序列与碳排放权交易价格相关性普遍较弱,碳排放权交易价格短周期子序列对碳排放权交易价格的贡献也较为微弱。但碳排放权交易价格长周期和中周期子序列与碳排放权交易价格的相关性和方差比取决于碳排放权交易市场的成熟度,相对成熟的碳排放权交易市场,碳排放权交易价格长周期子序列的相关性和贡献度均高于碳排放权交易价格中周期子序列的相关性和贡献度。可见,随着碳排放权交易市场的发展,碳排放权交易价格长周期子序列是表征碳排放权交易价格长期均衡态势的关键序列。

经济意义方面,碳排放权交易价格短周期子序列主要表征碳排放权交易价格对突发性事件的反映，具体表现为突发性事件的影响非常有限，且不存在记忆性和规律性。碳排放权交易价格中周期子序列则反映碳排放权交易价格受到市场因素、重大事件等冲击的持续影响而呈现的波动规律，但不同成熟度的碳排放权交易市场，在受到重大事件冲击时，碳排放权交易价格对其反映的差异较大。碳排放权交易价格长周期子序列则主要反映碳排放权交易均衡价格的长期走势，体现碳排放权交易价格的内在运行轨迹。

4.5　本章小结

本章基于碳排放权交易价格的非线性和混沌性特点，利用 VMD 对碳排放权交易价格进行分解，得到了碳排放权交易价格分量；采用样本熵测度了各分量的复杂度；利用聚类分析法，对各分量进行了分类；根据分类结果重构了碳排放权交易价格子序列；基于重构结果，从平均周期、相关系数以及方差比等方面着手，结合碳排放权交易价格子序列的现实经济意义，全方面阐释了碳排放权交易价格多尺度特征。研究发现：

（1）碳排放权交易价格多尺度子序列包括碳排放权交易价格短周期子序列、碳排放权交易价格中周期子序列和碳排放权交易价格长周期子序列。将碳排放权交易价格分解重构为碳排放权交易价格多尺度子序列，基本解决了碳排放权交易价格的混沌性问题，以及碳排放权交易价格分量间多尺度特征的模糊性问题。

（2）短周期子序列特征分析研究结论显示碳排放权交易价格短周期子序列的平均周期不足 1 周，主要表征碳排放权交易价格对突发性事件的反映。碳排放权交易价格短周期子序列的平均周期不足 1 周，周期短、频率高、波动性强，与碳排放权交易价格相关性弱，对碳排放权交易价格的贡献也低，是碳排放权交易价格对市场突发事件的反映。但是，这类突发性事件的影响非常有限，且不存在记忆性和规律性。比如能源价格、工业生产、天气条件等方面的突发性变化，会迅速对碳排放权交易价格造成影响，但这种影响不存在可持续性。

（3）中周期子序列特征分析研究结论显示碳排放权交易价格中周期子序列的平均周期为 2～3 周，主要表征碳排放权交易价格受到重大事件冲击的持续影响。碳排放权交易价格中周期子序列的平均周期为 2～3 周，振幅较大，频率相对较高，与碳排放权交易价格的相关性较强，对碳排放权交易价格的贡献也较高，主要反映碳排放权交易价格受到重大事件冲击的持续影响。比如信息泄露、重大公共卫生事件等发生频率低、冲击性大的重大事件对碳排放权交易价格具有持续性影响，使得碳排放权交易价格在较长时间内表现出较为一致的波动趋势。

（4）长周期子序列特征分析研究结论显示碳排放权交易价格长周期子序列的平均周期达 2～5 个月，主要表征碳排放权交易价格的长期均衡趋势。碳排放权交易价格长周期子序列的平均周期达 2～5 个月，周期长、频率低。随着碳排放权交易市场的逐渐成熟，碳排放权交易价格长周期子序列与碳排放权交易价格的相关性越强，对碳排放权交易价格的贡献也越高，基本能表征碳排放权交易价格长期均衡态势，体现碳排放权交易价格的内在运行轨迹，具有重要的经济意义。虽然短期碳排放权供求失衡、利益相关者投机操作、国内外突发事件等因素均可能导致碳排放权交易价格产生剧烈的波动，但当类似的短期冲击的影响逐渐消退后，碳排放权交易价格将向碳排放权交易价格长周期子序列趋势靠拢。由此可见，碳排放权交易价格长周期子序列主要反映碳排放权交易价格的长期均衡趋势，是最能反映碳排放权交易市场运行效果的子序列。

第5章　基于多尺度特征的碳排放权交易价格预测

碳排放权交易价格的有效预测，有助于把握碳排放权交易价格的未来变化趋势，有利于控排企业更好地参与碳排放权交易，从而提高控排企业参与碳排放权交易的积极性，促进碳排放权交易市场发挥其节能减排功能。本章将基于第4章提取的碳排放权交易价格多尺度特征，剖析现有碳排放权交易价格预测模型的缺陷与不足，并基于此构建新的碳排放权交易价格预测模型，研判碳排放权交易价格未来走势，并检验碳排放权交易价格预测模型的稳健性，以期为碳排放权交易价格预警提供依据，并为碳排放权交易的参与者提供借鉴参考。

5.1　评判指标选取

评判指标是衡量预测结果有效性和精准性的重要工具。碳排放权交易价格预测既是判定碳排放权交易价格未来走势的重要方式，也是碳排放权交易价格预警的重要基础。本书借助评判指标判定预测结果的准确性，从而论证本书设计的碳排放权交易价格预测模型的优越性及预测结果的有效性。

本书参考 Sun 等（2021）、Zhao 等（2018）等研究，选择如下评判指标。

①误差平方和（sum of squared error，SSE）：

$$SSE = \sum_{i=1}^{N}(y_i - y_i')^2 \qquad (5-1)$$

其中，y_i 为测试集实际值，y_i' 为测试集预测值，N 为测试集样本数。

②平均绝对误差（mean absolute error，MAE）：

$$MAE = \frac{1}{N}\sum_{i=1}^{N}|y_i - y_i'| \qquad (5-2)$$

③平均绝对百分比误差（mean absolute percentage error，MAPE）：

$$MAPE = \frac{1}{N}\sum_{i=1}^{N}\frac{|y_i - y_i'|}{y_i} \times 100\% \qquad (5-3)$$

④均方根误差（root mean square error，RMSE）：

$$RMSE = \sqrt{\frac{1}{N}\sum_{i=1}^{N}(y_i - y_i')^2} \qquad (5-4)$$

⑤归一化均方误差（normalized mean square error，NMSE）：

$$NMSE = \sum_{i=1}^{N}(y_i - y_i')^2 \Big/ \sum_{i=1}^{N}(y_i - \bar{y})^2 \qquad (5-5)$$

其中，$\bar{y} = \frac{1}{N}\sum_{i=1}^{N}y_i$。

⑥Akaike 信息准则（akaike information criterion，AIC）：

$$AIC = \frac{1}{N}\sum_{i=1}^{N}(y_i - y_i')^2 e^{\frac{2k}{N}} \qquad (5-6)$$

⑦Bayesian 信息准则（bayesian information criterion，BIC）：

$$BIC = \frac{1}{N}\sum_{i=1}^{N}(y_i - y_i')^2 e^{\frac{\lg(N)k}{N}} \qquad (5-7)$$

由公式（5-1）至式（5-7）可知，误差平方和、平均绝对误差、平均绝对百分比误差、均方根误差、归一化均方误差、Akaike 信息准则及 Bayesian 信息准则越小，则预测值与实际值越接近，即预测效果越好，反之则预测效果越差。

5.2 两阶段神经网络优化模型构建

前文相关研究综述发现，根据预测因子，碳排放权交易价格预测可分为单因素预测和多因素预测。单因素预测即时间序列预测，直接根据碳排放权交易价格的历史信息预测其未来表现。多因素预测则是以碳排放权交易价格的复杂影响因素为预测因子，基于复杂影响因素与碳排放权交易价格之间的关系，预测碳排放权交易价格的未来趋势。可见，多因素预测能充分利用外部复杂环境的有效信息，但是会由于预测因子选取的主观性而放大预测误差，且受限于预测因子的有限样本量，预测步长非常有限。单因素碳排放权交易价格预测能更充分地利用其自身的历史信息，且能对碳排放权交易价格进行中长期预测，不存在预测步长的限制。考虑到碳排放权交易价格主要受其自身历史信息的影响（郭白滢 等，2016；吕靖烨 等，2019），而且后文碳排放权交易价格预警对要求能对碳排放权交易价格进行中长期预测，对碳排放权交易价格预测步长要求较大。因此，本书将对碳排放权交易价格进行单因素预测。

5.2.1 现有单因素预测模型的缺陷分析

结合前文相关研究综述可知，关于碳排放权交易价格预测，单因素预测模型主要有两类：一类是直接预测碳排放权交易价格，比如传统计量方法中的 GARCH（Paolella et al.，2008）、Markow 模型（张晨 等，2016a）、ARMA（王娜，2017），人工智能模型中的 CPSO-BPNN（蒋锋 等，2018）、混合神经模糊控制系统（Atsalakis，2016）、PSO-LSSVM（朱帮助 等，2011）等。另一类是对碳排放权交易价格进行分解，利用优化后的人工智能模型预测碳排放权交易价格分量，再经过组合得到碳排放权交易价格预测结果，比如，EMD-PSO-LSSVR（Zhu et al.，2017）、EEMD-LSSVM（Zhu et al.，2016）、CEEMD-GNN-ACA（Zhang et al.，2018）、ICEEMDAN-SSA-ELM（Zhou and Chen，2021）、VMD-SNN（Sun et al.，2016）等。

第一类模型直接预测碳排放权交易价格，忽略了碳排放权交易价格具有的混沌性，未对碳排放权交易价格进行"提质"处理，造成对碳排放权交易价格的拟合程度不高，从而导致预测效果难以取得较大突破。基于第一类模型的这一缺陷，学者们从碳排放权交易价格自身特点着手，提出了 EMD、EEMD、CEEMD、ICEEMDAN、VMD 等分解法处理碳排放权交易价格的混沌性，这一解决思路受到广大学者的青睐，从而形成了第二类模型。但碳排放权交易价格具有非线性和混沌性问题，而目前第二类模型在解决这一难点时仍然存在以下 3 个问题：

①训练个体误差的差异性问题。现有研究优化基准人工智能模型时，常常对训练集个体"一视同仁"，忽略了利用训练集对模型进行训练时，各训练个体误差大小不一，从而对误差较大的个体训练不足，导致模型对碳排放权交易价格的描述有限。

②误差叠加问题。碳排放权交易价格被分解后，会得到多个碳排放权交

易价格子序列，对碳排放权交易价格子序列预测结果进行组合时，每个子序列的预测结果都具有一定的误差，而直接以组合预测结果作为碳排放权交易价格最终的预测结果，忽略了对子序列预测结果进行组合时出现的误差叠加问题。

③白噪声序列问题。利用 VMD 对碳排放权交易价格进行分解时，为了使分解出的分量具有更清晰的多尺度特征，会在碳排放权交易价格中加入白噪声序列，然而对碳排放权交易价格进行预测时，却忽略了新加入的白噪声的影响，导致预测结果出现一定误差。

5.2.2　两阶段神经网络优化模型设计

现有研究表明，碳排放权交易价格中蕴含了多尺度特征，且充分利用这种多尺度特征对提高碳排放权交易价格预测效果有重要作用（高杨 等，2014；Wang et al., 2021；秦全德 等，2022）。因此，本书在设计碳排放权交易价格预测模型时，着重考虑如何有效利用碳排放权交易价格的多尺度特征，基于碳排放权交易价格的多尺度特征，针对现有研究在解决碳排放权交易价格非线性和混沌性难题时衍生出的训练个体误差的差异性问题、误差叠加问题以及白噪声序列问题，优化现有碳排放权交易价格预测模型，从而构建两阶段神经网络优化模型。两阶段神经网络优化模型框架如图 5-1 所示。

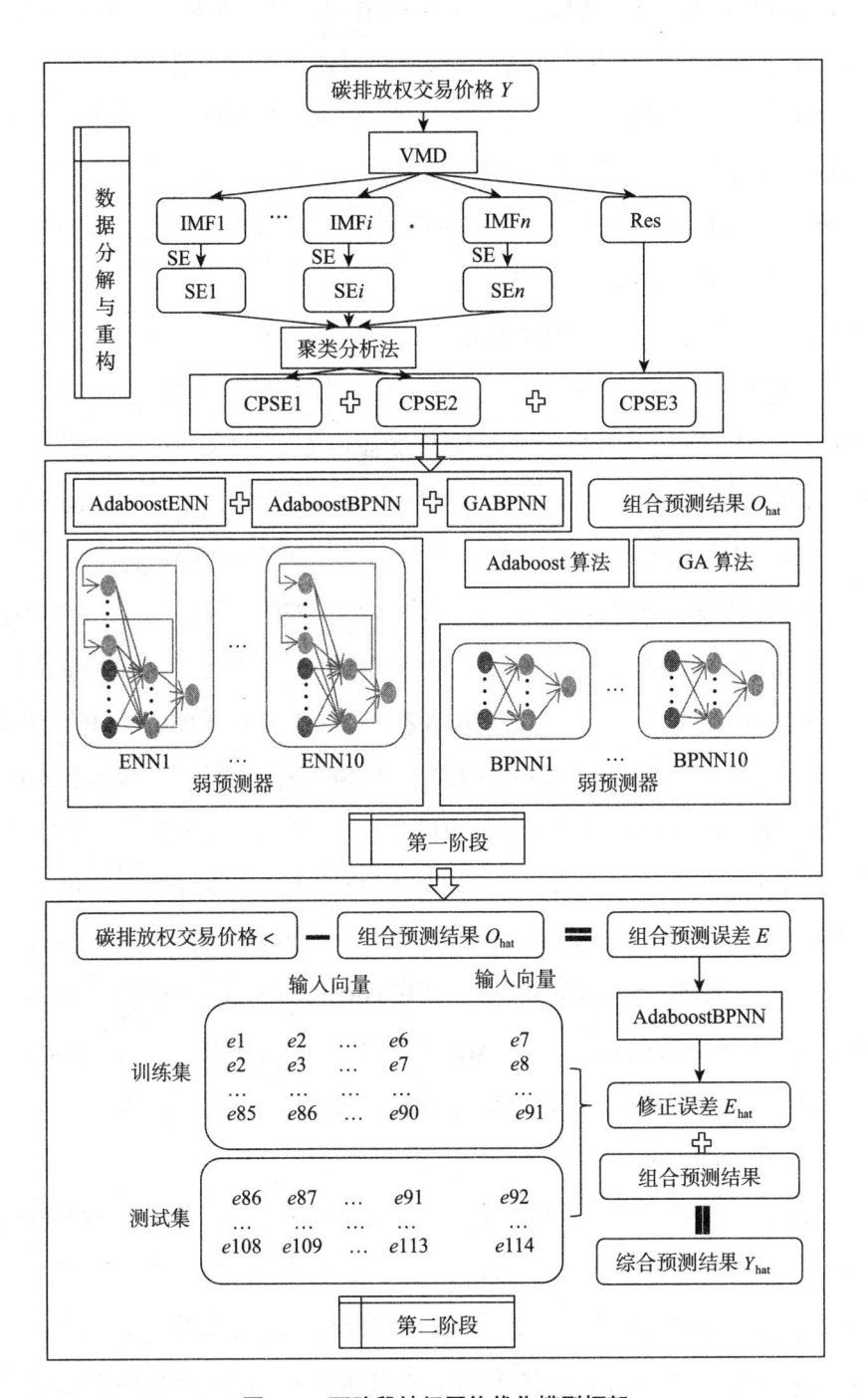

图5-1 两阶段神经网络优化模型框架

两阶段神经网络优化模型在第一阶段着眼于训练个体误差的差异性问题，对传统神经网络弱预测器进行优化。针对误差叠加问题，在第一阶段针对各碳排放权交易价格子序列"因地制宜"地选择预测模型，并对各子序列的预测结果进行加总，得到第一阶段组合预测结果。在第二阶段，针对误差叠加问题以及白噪声序列问题，进一步对第一阶段的组合预测误差进行修正，从而改善碳排放权交易价格的预测精度。

（1）第一阶段神经网络优化模型

第一阶段神经网络优化模型以3个碳排放权交易价格子序列CPSE1、CPSE2、CPSE3为预测对象。首先基于CPSE1、CPSE2、CPSE3的趋势特征，本书选择以ENN和BPNN为基准神经网络模型。其次，由于Adaboost算法能以误差较大的训练个体为靶向，针对性地强化训练神经网络弱预测器，从而形成神经网络强预测器，因此针对训练个体误差的差异性问题，本书在第一阶段利用Adaboost算法分别改进ENN和BPNN，从而得到AdaboostENN和AdaboostBPNN。再次，第4章的研究结果表明，CPSE1、CPSE2、CPSE3的波动特征相差甚大，因此对CPSE1、CPSE2、CPSE3进行预测时，为减小3个碳排放权交易价格子序列的预测误差，应根据各自的波动特点分别选择预测模型。CPSE1、CPSE2的波动性较强，表现出明显的非线性，故利用AdaboostENN和AdaboostBPNN对其进行预测。CPSE3周期长、波动幅度小，不存在显著的非线性特征，考虑到模型训练的复杂度，采用GABPNN对其进行预测。最后，将AdaboostENN和AdaboostBPNN、GABPNN对CPSE1、CPSE2、CPSE3的预测结果进行组合，从而得到第一阶段的组合预测结果O_{hat}。

（2）第二阶段神经网络优化模型

针对现有研究的误差叠加问题以及白噪声序列问题，第二阶段神经网络优化模型以第一阶段的组合预测误差E，即碳排放权交易价格Y与组合预测结果O_{hat}之差为预测对象，对第一阶段的组合结果进行修正。考虑到组合预测误差E波动性强、非线性特征明显，本书利用第一阶段神经网络优化模型中构建的AdaboostBPNN对其进行预测，从而得到修正误差E_{hat}。将修正误

差 E_{hat} 和组合预测结果 O_{hat} 求和，从而得到两阶段神经网络优化模型的综合预测结果 Y_{hat}。

5.3 两阶段神经网络优化模型预测及结果分析

本节将利用前文构建的两阶段神经网络优化模型对碳排放权交易价格进行预测，基于预测结果，分析碳排放权交易价格未来的演变趋势，从而为投资者制定投资策略、应对碳排放权交易价格波动风险提供借鉴参考，并为碳排放权交易价格黑色预警提供数据基础。

5.3.1 两阶段神经网络优化模型参数设定

本书以全国碳排放权交易市场的碳排放权交易价格为研究对象，以广东和湖北两个碳排放权交易试点市场的碳排放权交易价格为稳健分析对象，利用前文构建的两阶段神经网络优化模型对碳排放权交易价格进行预测。本书剔除节假日以及无交易日数据，获得全国碳排放权交易价格共 114 组数据，广东碳排放权交易价格共 1 292 组数据，湖北碳排放权交易价格共 1 420 组数据。本书参考 Huang 和 He（2020）、Sun 和 Huang（2020）等文献，以八折法确定训练集和测试集数据，即全国碳排放权交易价格，以及广东和湖北碳排放权交易价格分别以前 91、1 034、1 136 组数据作为样本内训练集，对碳排放权交易价格预测模型进行训练，以后 23、258、284 组数据作为样本内测试集，对训练好的碳排放权交易价格预测模型进行测试。

两阶段神经网络优化模型中，输入向量维度由偏自相关函数（partial autocorrelation coefficient，PAC）确定，并参考 Zhao 等（2020）的研究，利用时间窗滚动技术确定输入输出向量。弱预测器 ENN 和 BPNN 均设置为 10。两阶段神经网络优化模型中，最大训练步数为 500，学习率为 0.1，最大失败次数为 10。

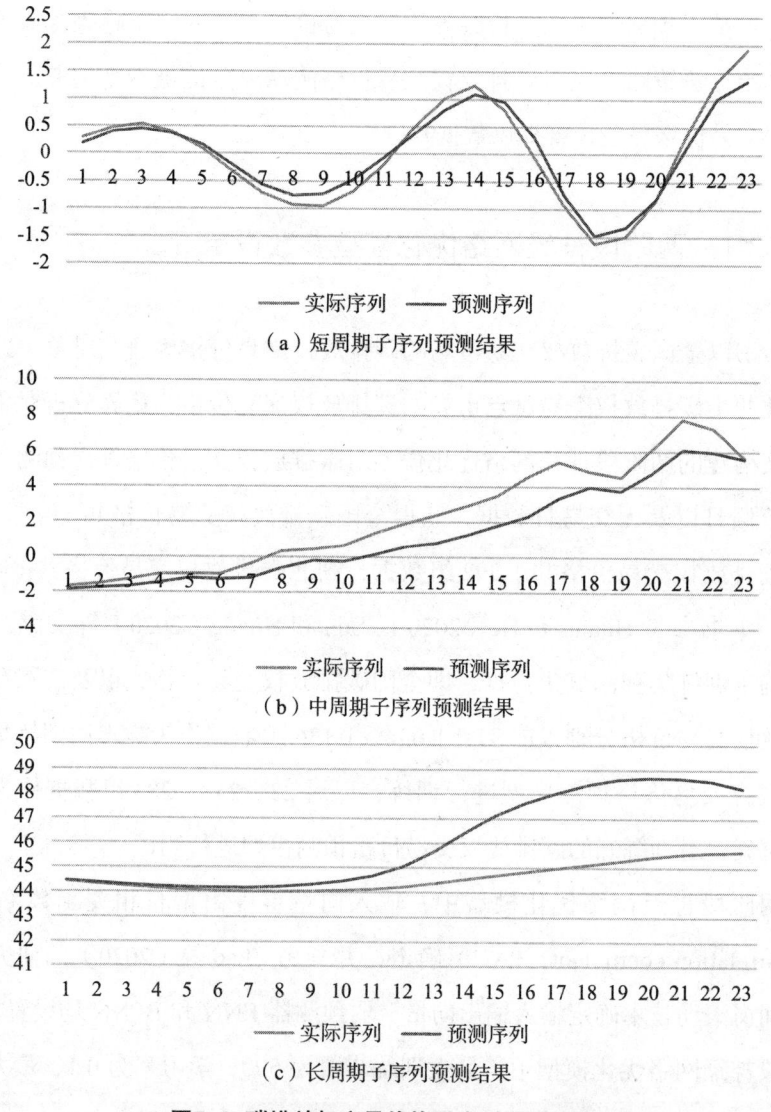

5.3.2 碳排放权交易价格子序列预测结果分析

根据 AdaboostBPNN、AdaboostENN、GABPNN 单个模型，对 3 个全国碳排放权交易价格子序列进行预测，得到全国碳排放权交易价格子序列测试集的预测结果如图 5-2 所示。

（a）短周期子序列预测结果

（b）中周期子序列预测结果

（c）长周期子序列预测结果

图5-2 碳排放权交易价格子序列预测结果

图 5-2 表明，碳排放权交易价格短周期子序列预测结果最好，中周期子序列预测结果次之，长周期子序列预测结果出入最大。但总体来看，碳排放权交易价格 3 个子序列的预测序列和与其对应的实际序列走势较为一致，尤其是短周期和中周期两个子序列的预测结果与实际值趋势非常契合，说明碳排放权交易价格子序列的预测结果较为准确，表明各单个预测模型对碳排放权交易价格子序列预测具有适用性和有效性。

5.3.3 碳排放权交易价格综合预测结果分析

首先，根据前文中碳排放权交易价格的预测结果，对 3 个子序列的预测结果进行加总，得到碳排放权交易价格测试集的组合预测结果（见图 5-3）。

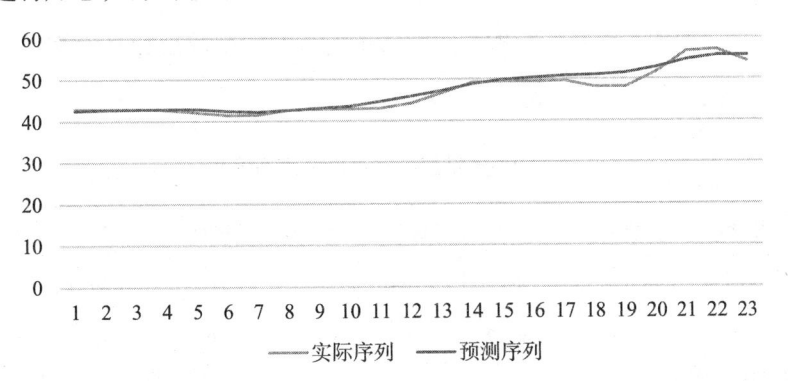

图5-3 碳排放权交易价格组合预测结果

图 5-3 表明，从碳排放权交易价格组合预测结果趋势来看，总体而言，碳排放权交易价格的预测序列与实际序列均较为契合，碳排放权交易价格预测序列与实际序列的走势比较一致。

其次，基于碳排放权交易价格组合预测结果，再次利用 AdaboostBPNN 对组合预测结果的误差进行二次预测，从而对组合预测误差进行修正，得到修正后的综合预测结果如图 5-4 所示。

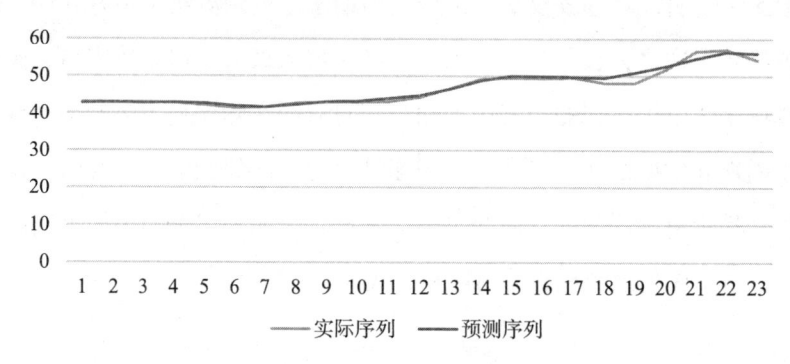

图5-4 碳排放权交易价格综合预测结果

通过对比图 5-3 和图 5-4，发现误差校正后碳排放权交易价格综合预测的预测序列与实际序列的拟合效果较误差修正前有一定改善，但图中不能清晰地反映误差修正程度。因此，将碳排放权交易价格综合预测精度和组合预测精度进行对比，并进一步测算误差修正前后的碳排放权交易价格预测精度提高百分比，得到结果如表 5-1 所示。

表5-1 碳排放权交易价格预测精度

判断指标	SSE	MAE	MAPE	RMSE	NMSE	AIC	BIC
组合预测精度	40.178 1	1.004 9	2.10%	1.321 7	0.077 6	1.905 6	1.853 4
综合预测精度	21.007 1	0.663 2	1.36%	0.955 7	0.040 6	0.996 3	0.969 1
综合预测精度提高百分比	47.72%	34.00%	35.13%	27.69%	47.72%	47.72%	47.72%

注：SSE 为误差平方和；MAE 为平均绝对误差；MAPE 为平均绝对百分比误差；RMSE 为均方根误差；NMSE 为归一化均方误差；AIC 为 Akaike 信息准则；BIC 为 Bayesian 信息准则。

由表 5-1 可知，误差修正后，碳排放权交易价格预测结果的 7 个判断指标均有所改善。具体而言，碳排放权交易价格综合预测结果的 SSE 由 40.178 1 改善到了 21.007 1，提高了 47.72%；MAE 由 1.004 9 改善到了 0.663 2，提高了 34.00%；MAPE 由 2.10% 改善到了 1.36%，提高了 35.13%；RMSE 由 1.321 7 改善到了 0.955 7，提高了 27.69%；NMSE 由 0.077 6 改善到了 0.040 6，提高了 47.72%；AIC 由 1.905 6 改善到了 0.996 3，提高了 47.72%；BIC 由

1.853 4 改善到了 0.969 1，提高了 47.72%。

从平均绝对百分比误差结果来看，全国的 MAPE 达到了 1.36%，与现有碳排放权交易价格预测研究 Yang 等（2020）、E 等（2021）等进行对比，该结果超过了很多现有研究对碳排放权交易价格的预测效果。

综上可知，两阶段神经网络优化模型在碳排放权交易价格预测方面具有非常好的性能，因此利用该模型对碳排放权交易价格进行样本外预测。为了考究碳排放权交易价格中长期的变化趋势，本书拟对碳排放权交易价格未来 4 个月的表现进行预测。剔除节假日，拟预测碳排放权交易价格未来 77 期的表现，预测结果如图 5-5 所示。

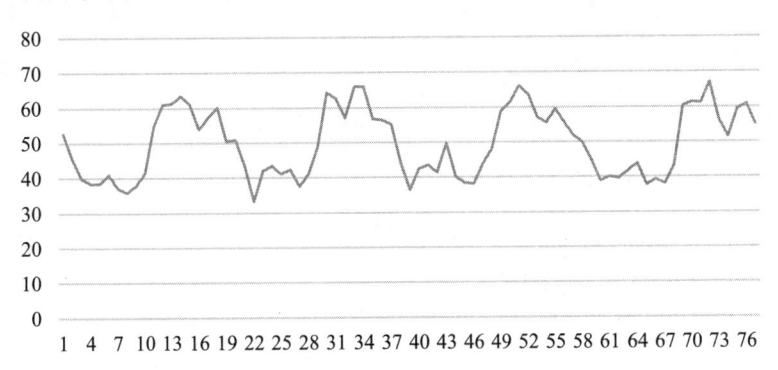

图5-5 碳排放权交易价格样本外预测结果

对比图 5-4 和图 5-5 发现，相对于样本内测试集碳排放权交易价格波动较为平稳的表现，样本外碳排放权交易价格的波动幅度明显加剧。这说明未来一段时间碳排放权交易价格将面临更高的波动风险，但这种波动风险是否会造成碳排放权交易价格警情，以及造成碳排放权交易价格警情的源头是什么，未来应该从何着手防范碳排放权交易价格警情等均不清晰。因此，后文中有必要进一步研究碳排放权交易价格波动警源以及碳排放权交易价格警情。

5.4 两阶段神经网络优化模型预测效果对比分析

为了验证两阶段神经网络优化模型的预测结果是否准确，本节把两阶段神经网络优化模型对碳排放权交易价格的预测效果分别与单一模型、不考虑多尺度特征的模型，以及其他多尺度分解模型对碳排放权交易价格的预测效果进行对比分析，从而论证本书构建的两阶段神经网络优化模型在碳排放权交易价格预测方面的优越性。将两阶段神经网络优化模型与单一模型进行对比，不仅能证明两阶段神经网络优化模型中优化算法的优越性，而且能验证两阶段误差修正结果的有效性。同时，将两阶段神经网络优化模型与不考虑多尺度特征的模型以及其他多尺度分解模型进行对比，可以检验本书所选的VMD模型对碳排放权交易价格的多尺度特征识别能力，从而验证VMD模型对碳排放权交易价格的适用性。

5.4.1 与单一模型的预测效果对比分析

首先，神经网络模型种类繁多，且两阶段神经网络优化模型考虑到碳排放权交易价格各子序列自身的特征，不同子序列分别采用了不同的神经网络模型对其进行预测，为验证这种预测模型"因地制宜"选择方式的有效性，本部分将不考虑子序列特征的VMD-AdaboostBPNN、VMD-AdaboostENN、VMD-AdaboostGRNN和VMD-AdaboostRBFNN 4个最为常见的神经网络模型纳入比较分析的基准模型。其次，两阶段神经网络优化模型的重要创新在于其自身的优化算法，因此本部分考虑把未经优化的VMD-BPNN、VMD-ENN、VMD-GRNN和VMD-RBFNN 4个基础神经网络模型，以及由不同算法优化后的VMD-GABPNN、VMD-PSOBPNN两种神经网络模型作为比较分析的基准模型，以检验本书构建的两阶段神经网络优化模型中优化算法的优越性能。最后，神经网络模型属于人工智能模型，为检验其与传统计量模型在碳排放权交易价格预测方面的优劣，本部分将 VMD-ARMA 作为传统计量模型的典型代表模型纳入比较分析的基准模型。利用以上 11 种基准模型，对 VMD 分解重构后的碳排放权交易价格进行样本内训练，得到两阶段神经网络优化模型与单一模型样本内测试集预测精度的对比结果如表 5-2 所示。

表5-2　碳排放权交易价格单一模型预测精度

预测模型	SSE	MAE	MAPE	RMSE	NMSE	AIC	BIC
VMD-AdaboostBPNN	101.334 0	1.478 6	2.93%	2.099 0	0.195 8	4.806 1	4.674 6
VMD-AdaboostENN	82.869 5	1.310 4	2.60%	1.898 2	0.160 1	3.930 4	3.822 8
VMD-AdaboostGRNN	164.834 4	1.753 9	3.44%	2.677 1	0.318 6	7.817 8	7.603 8
VMD-AdaboostRBFNN	518 728 914.3	2 327.375 5	4 645.53%	4 749.045 3	1 002 470.020 9	24602393.363 3	23 929 039.560 6
VMD-BPNN	221.536 7	2.217 7	4.37%	3.103 6	0.428 1	10.507 1	10.219 5
VMD-ENN	84.336 5	1.349 5	2.68%	1.914 9	0.163 0	3.999 9	3.890 5
VMD-GRNN	159.329 7	1.732 5	3.40%	2.632 0	0.307 9	7.556 7	7.349 9
VMD-RBFNN	763 459 412.3	3 061.233 1	6 159.15%	5 761.413 7	1 475 424.160 7	36 209 527.289 7	35 218 492.696 7
VMD-PSOBPNN	76.632 4	1.253 6	2.50%	1.825 3	0.148 1	3.634 5	3.535 1
VMD-GABPNN	47.690 0	1.088 4	2.23%	1.440 0	0.092 2	2.261 9	2.199 9
VMD-ARMA	927.085 0	4.345 8	8.47%	6.348 9	1.791 6	43.970 0	42.766 6
两阶段神经网络优化模型	21.007 1	0.663 2	1.36%	0.955 7	0.040 6	0.996 3	0.969 1

注：SSE 为误差平方和；MAE 为平均绝对误差；MAPE 为平均绝对百分比误差；RMSE 为均方根误差；NMSE 为归一化均方误差；AIC 为 Akaike 信息准则；BIC 为 Bayesian 信息准则。

由表 5-2 可知，一是不考虑子序列自身特征的 VMD-AdaboostBPNN、VMD-AdaboostENN、VMD-AdaboostGRNN 和 VMD-AdaboostRBFNN 4 个基准模型的 7 个判断指标的表现均逊色于两阶段神经网络优化模型判断指标的表现，说明子序列自身特征对预测碳排放权交易价格具有一定影响，单独采用某一种模型预测碳排放权交易价格的所有子序列均不适合，尤其是VMD-AdaboostRBFNN 的预测结果非常不理想。这可能是因为，一方面，RBFNN 较 BPNN 等其他前馈网络需要更多的径向神经元，但目前全国碳排放权交易市场交易时间较短，有限的样本数量难以使 RBFNN 诸多的隐含层神经元达到预期训练目标，致使 RBFNN 在碳排放权交易价格预测方面表现较差；另一方面，RBFNN 中的扩展速度为人为主观确定的参数，设计RBFNN 网络时难以确定其最优值，故其预测结果可能出现较大偏差。二是Adaboost 算法优化后的 VMD-AdaboostBPNN、VMD-AdaboostENN、VMD-AdaboostGRNN 和 VMD-AdaboostRBFNN 4 个模型的预测结果均优于 VMD-BPNN、VMD-ENN、VMD-GRNN 和 VMD-RBFNN 的预测结果，说明在碳排放权交易价格预测时，Adaboost 算法是一种有效的优化算法。Adaboost 算法能以误差较大的训练个体为靶向，针对性地强化训练神经网络弱预测器，从而形成神经网络强预测器，提高对碳排放权交易价格的预测效果。三是VMD-GABPNN、VMD-PSOBPNN 对碳排放权交易价格的预测作用较两阶段神经网络优化模型尚有较大差距，不能作为单个模型预测碳排放权交易价格。四是传统计量模型 VMD-ARMA 预测结果的 7 个判断指标的表现均差强人意，可见传统计量模型并不适用于预测碳排放权交易价格。ARMA 等传统计量模型擅长处理线性拟合问题，但碳排放权交易价格影响因素庞杂，且与关联产品的联系错综复杂，在市场和非市场因素的双重影响下，碳排放权交易价格表现出明显的非线性特点，因此 ARMA 等传统计量模型难以有效解决碳排放权交易价格的预测问题。

综上，在对碳排放权交易价格进行预测时，两阶段神经网络优化模型的预测精度明显大幅度优于所有 11 种基准模型的预测精度。这表明在碳排放权交易价格预测方面，两阶段神经网络优化模型不论是对神经网络模型的优化，还是对各子序列特征的利用，抑或对预测误差的二次修正，均表现出优异的性能，基本能解决以往对碳排放权交易价格进行预测时的误差叠加问题。

5.4.2 与不考虑多尺度特征模型的预测效果对比分析

本部分把两阶段神经网络优化模型与不考虑多尺度特征模型的预测精度进行比较，基于两阶段神经网络优化模型对碳排放权交易价格多尺度特征的提取功能，论证考虑多尺度特征对提高碳排放权交易价格预测效果的有效性。本部分仍以前文中的 11 个基准模型为比较分析模型，利用这 11 个基准模型，在不考虑多尺度特征的情况下，对碳排放权交易价格直接进行样本内训练和样本内测试，得到两阶段神经网络优化模型与不考虑多尺度特征的模型的预测精度的对比结果如表 5-3 所示。

表5-3 碳排放权交易价格不考虑多尺度特征模型预测精度

预测模型	SSE	MAE	MAPE	RMSE	NMSE	AIC	BIC
AdaboostBPNN	99.148 3	1.401 8	2.80%	2.076 2	0.191 6	4.702 4	4.573 7
AdaboostENN	58.033 3	1.012 6	2.06%	1.588 5	0.112 2	2.752 4	2.677 1
AdaboostGRNN	238.126 2	2.280 5	4.60%	3.217 7	0.460 2	11.293 9	10.984 8
AdaboostRBFNN	88 420 021.990 0	835.187 3	1 545.38%	1 960.701 1	170 876.191 5	4 193 604.987 5	4 078 828.354 9
BPNN	214.961 6	1.904 0	3.75%	3.057 1	0.415 4	10.195 2	9.916 2
ENN	60.375 4	1.011 2	2.07%	1.620 2	0.116 7	2.863 5	2.785 1
GRNN	249.449 5	2.371 3	4.78%	3.293 3	0.482 1	11.830 9	11.507 1
RBFNN	1 627 509 163.219 8	2 692.024 2	4 834.88%	8 411.971 7	3 145 244.269 1	77 189 876.122 3	75 077 232.208 0
PSOBPNN	224.559 3	1.873 1	3.64%	3.124 7	0.434 0	10.650 4	10.359 0
GABPNN	102.649 8	1.488 2	3.00%	2.112 6	0.198 4	4.868 5	4.735 3
ARMA	1 639.184 6	7.576 6	17.04%	8.442 1	3.167 8	77.743 6	75.615 8
两阶段神经网络优化模型	21.007 1	0.663 2	1.36%	0.955 7	0.040 6	0.996 3	0.969 1

注：SSE 为误差平方和；MAE 为平均绝对误差；MAPE 为平均绝对百分比误差；RMSE 为均方根误差；NMSE 为归一化均方误差；AIC 为 Akaike 信息准则；BIC 为 Bayesian 信息准则。

由表5-3的结果可知，在不考虑碳排放权交易价格多尺度特征时，所有基准模型的预测精度均明显大幅低于两阶段神经网络优化模型的精度。表明考虑多尺度特征，对碳排放权交易价格进行有效分解，并基于样本熵重构后的子序列能有效表征多尺度特征。而且，考虑碳排放权交易价格的多尺度特征，对碳排放权交易价格进行分解与重构，有效提高了对碳排放权交易价格的预测效果。因此，本书基于碳排放权交易价格蕴含的多尺度特征，对碳排放权交易价格进行分解，并在此基础上重构碳排放权交易价格子序列，对提升碳排放权交易价格的预测精度具有重要作用。

此外，在不考虑碳排放权交易价格多尺度特征的情况下，与表5-2的结果类似，Adaboost算法优化后的AdaboostBPNN、AdaboostENN、AdaboostGRNN和AdaboostRBFNN 4个模型的预测结果均分别优于BPNN、ENN、GRNN和RBFNN的预测结果。该结果再次验证了两阶段神经网络优化模型中Adaboost算法在碳排放权交易价格预测时，能强有力地优化神经网络弱预测器，对提高碳排放权交易价格的预测效果始终具有明显效果。

5.4.3 与其他多尺度分解模型的预测效果对比分析

本部分将在考虑碳排放权交易价格多尺度特征的情况下，对比分析两阶段神经网络优化模型与其他多尺度分解模型的预测精度，以此验证VMD较其他分解模型在碳排放权交易价格除噪方面的优越性，以及在提取碳排放权交易价格多尺度特征方面的有效性。本部分选择EMD、EEMD、CEEMD、CEEMDAN 4种典型的模态分解方法，分别对碳排放权交易价格进行分解，并参考两阶段神经网络优化模型中对本征模函数的重构过程，利用聚类分析法对不同模态分解方法的分解结果进行重构，从而得到EMD、EEMD、CEEMD、CEEMDAN 4种模态分解方法分解重构后的长周期、中周期和短周期子序列。再以两阶段神经网络优化模型中分别对3个子序列进行预测的AdaboostBPNN、AdaboostENN、GABPNN 3个模型为本部分对比分析的基准模型，利用这3种基准模型，对 EMD、EEMD、CEEMD、CEEMDAN 分解重构后的碳排放权交易价格进行样本内训练和样本内测试，得到两阶段神经网络优化模型与其他多尺度分解模型的预测精度的对比结果如表5-4所示。

表5-4 碳排放权交易价格其他多尺度分解模型预测精度

预测模型	SSE	MAE	MAPE	RMSE	NMSE	AIC	BIC
EMD-AdaboostBPNN	49.547 7	1.216 4	2.58%	1.467 7	0.095 8	2.350 0	2.285 6
EMD-AdaboostENN	49.347 8	1.161 7	2.43%	1.464 8	0.095 4	2.340 5	2.276 4
EMD-GABPNN	71.836 5	1.433 7	3.07%	1.767 3	0.138 8	3.407 1	3.313 8
EEMD-AdaboostBPNN	30.462 1	0.818 2	1.68%	1.150 8	0.058 9	1.444 8	1.405 2
EEMD-AdaboostENN	37.719 8	0.839 9	1.70%	1.280 6	0.072 9	1.789 0	1.740 0
EEMD-GABPNN	274.945 7	2.521 7	5.00%	3.457 5	0.531 3	13.040 2	12.683 3
CEEMD-AdaboostBPNN	31.066 0	0.912 4	1.87%	1.162 5	0.060 0	1.473 4	1.433 1
CEEMD-AdaboostENN	27.453 7	0.818 2	1.66%	1.092 5	0.053 1	1.302 1	1.266 4
CEEMD-GABPNN	44.278 4	0.998 6	2.04%	1.387 5	0.085 6	2.100 0	2.042 6
CEEMDAN-AdaboostBPNN	75.441 0	1.117 0	2.17%	1.811 1	0.145 8	3.578 0	3.480 1
CEEMDAN-AdaboostENN	24.156 7	0.746 0	1.51%	1.024 8	0.046 7	1.145 7	1.114 4
CEEMDAN-GABPNN	1 309.876 8	5.577 0	11.04%	7.546 6	2.531 4	62.125 1	60.424 8
两阶段神经网络优化模型	21.007 1	0.663 2	1.36%	0.955 7	0.040 6	0.996 3	0.969 1

注：SSE 为误差平方和；MAE 为平均绝对误差；MAPE 为平均绝对百分比误差；RMSE 为均方根误差；NMSE 为归一化均方误差；AIC 为 Akaike 信息准则；BIC 为 Bayesian 信息准则。

由表5-4可知，碳排放权交易价格预测方面，通过将基于 VMD 分解的两阶段神经网络优化模型的预测结果与基于 EMD、EEMD、CEEMD、CEEMDAN 4种模态分解法分解的基准模型的预测结果进行对比，发现基于 VMD 分解的两阶段神经网络优化模型的7个判断指标的表现优于所有模态分解下基准模型判断指标的结果。可见，VMD 较其他模态分解法在碳排放权交易价格除噪方面具有一定优越性，在提取碳排放权交易价格多尺度特征方面也具有较强的有效性。

5.5 稳健性分析

本节将从变更碳排放权交易市场和碳排放权交易价格预测步长两方面，探究本书构建的两阶段神经网络优化模型的稳健性，验证该模型的鲁棒性。首先，将碳排放权交易市场变更为广东和湖北碳排放权交易试点市场，利用本书构建的两阶段神经网络优化模型对湖北碳排放权交易价格进行预测，并参考前文与单一模型、不考虑多尺度特征模型以及其他多尺度分解模型对湖北碳排放权交易价格的预测精度进行对比分析，从而完成两阶段神经网络优化模型的多市场预测稳健性分析。其次，与前文中向前1步预测不同，利用两阶段神经网络优化模型对全国碳排放权交易市场以及广东、湖北碳排放权交易试点市场的碳排放权交易价格进行向前2步预测，并进一步完成与单一模型、不考虑多尺度特征模型以及其他多尺度分解模型对3个市场碳排放权交易价格预测精度的对比分析，实现对两阶段神经网络优化模型的多步预测稳健性分析。

5.5.1 多市场预测稳健性分析

首先，分别采用广东碳排放权交易价格和湖北碳排放权交易价格样本内训练集数据对本书构建的两阶段神经网络优化模型进行训练，再利用训练好的两阶段神经网络优化模型对广东碳排放权交易价格和湖北碳排放权交易价格进行样本内测试，从而得到广东和湖北碳排放权交易价格测试集预测结果。同时，基于广东碳排放权交易价格和湖北碳排放权交易价格，对前文单一模型预测精度对比分析的11个基准模型分别进行样本内训练和样本内测试，得到 11 个基准模型对湖北碳排放权交易价格测试集的预测结果（见表 5-5 和表 5-6）。

表5-5　广东碳排放权交易价格单一模型预测精度

预测模型	SSE	MAE	MAPE	RMSE	NMSE	AIC	BIC
VMD-AdaboostBPNN	8.886 2	0.138 4	0.49%	0.185 6	0.045 3	0.034 7	0.034 8
VMD-AdaboostENN	10.753 7	0.155 2	0.55%	0.204 2	0.054 8	0.042 0	0.042 1
VMD-AdaboostGRNN	3 298.215 2	3.505 0	12.39%	3.575 4	16.813 9	12.883 3	12.903 8
VMD-AdaboostRBFNN	5 014.553 0	2.211 3	7.76%	4.408 7	25.563 6	19.587 5	19.618 8
VMD-BPNN	11.405 0	0.156 6	0.56%	0.210 3	0.058 1	0.044 5	0.044 6
VMD-ENN	70.796 3	0.485 2	1.73%	0.523 8	0.360 9	0.276 5	0.277 0
VMD-GRNN	3 802.539 6	3.771 3	13.34%	3.839 1	19.384 9	14.853 2	14.876 9
VMD-RBFNN	9 130.499 9	2.366 6	8.33%	5.948 9	46.546 2	35.664 9	35.721 9
VMD-PSOBPNN	10.648 0	0.156 7	0.56%	0.203 2	0.054 3	0.041 6	0.041 7
VMD-GABPNN	11.843 6	0.164 1	0.58%	0.214 3	0.060 4	0.046 3	0.046 3
VMD-ARMA	503.404 5	1.159 5	4.05%	1.396 8	2.566 3	1.966 4	1.969 5
两阶段神经网络优化模型	8.075 0	0.132 0	0.47%	0.176 9	0.041 2	0.031 5	0.031 6

注：SSE 为误差平方和；MAE 为平均绝对误差；MAPE 为平均绝对百分比误差；RMSE 为均方根误差；NMSE 为归一化均方误差；AIC 为 Akaike 信息准则；BIC 为 Bayesian 信息准则。

表 5-5 的结果表明，在广东碳排放权交易价格的预测方面，不考虑子序列特征的基准模型预测精度仍然表现不佳，两阶段神经网络优化模型的精度仍最高；Adaboost 算法优化后的 4 个基准模型的表现依旧较优化前的模型表现抢眼；PSO 和 GA 两种算法优化后的模型预测精度不及 Adaboost 算法的优化结果；ARMA 等传统计量模型预测碳排放权交易价格的作用仍十分有限。表 5-5 中 11 个基准模型 7 个判断指标的表现均再次佐证了表 5-2 的结论。

表5-6 湖北碳排放权交易价格单一模型预测精度

预测模型	SSE	MAE	MAPE	RMSE	NMSE	AIC	BIC
VMD-AdaboostBPNN	19.110 7	0.179 8	0.65%	0.272 2	0.097 4	0.074 6	0.074 8
VMD-AdaboostENN	30.475 9	0.245 1	0.90%	0.343 7	0.155 4	0.119 0	0.119 2
VMD-AdaboostGRNN	953.868 5	1.656 9	5.97%	1.922 8	4.862 7	3.725 9	3.731 9
VMD-AdaboostRBFNN	6 886 030.343 9	57.162 6	215.10%	163.370 9	35 104.187 2	26 897.743 6	26 940.691 2
VMD-BPNN	19.353 8	0.181 2	0.65%	0.273 9	0.098 7	0.075 6	0.075 7
VMD-ENN	32.213 9	0.255 0	0.93%	0.353 4	0.164 2	0.125 8	0.126 0
VMD-GRNN	1 012.123 3	1.693 3	6.15%	1.980 6	5.159 7	3.953 5	3.959 8
VMD-RBFNN	7 091 086.607 6	58.463 2	219.95%	165.785 5	36 149.540 4	27 698.720 5	27 742.947 0
VMD-PSOBPNN	132.516 8	0.619 1	2.26%	0.716 7	0.675 6	0.517 6	0.518 5
VMD-GABPNN	21.675 5	0.191 6	0.70%	0.289 9	0.110 5	0.084 7	0.084 8
VMD-ARMA	3 348.372 3	3.064 5	11.18%	3.602 5	17.069 6	13.079 2	13.100 1
两阶段神经网络优化模型	16.669 6	0.169 3	0.61%	0.254 2	0.085 0	0.065 1	0.065 2

注：SSE 为误差平方和；MAE 为平均绝对误差；MAPE 为平均绝对百分比误差；RMSE 为均方根误差；NMSE 为归一化均方误差；AIC 为 Akaike 信息准则；BIC 为 Bayesian 信息准则。

表 5-6 中的结果表明，相较于 11 个单一模型，两阶段神经网络优化模型的预测精度明显更高，即对于湖北碳排放权交易价格，两阶段神经网络优化模型的预测效果依旧强于不考虑子序列特征的 11 个基准模型。因此，通过与单一模型相比，可初步判定两阶段神经网络优化模型在碳排放权交易价格预测效果方面具有较强的稳健性。此外，在表 5-6 中，经 Adaboost 算法优化后的 VMD-AdaboostBPNN、VMD-AdaboostENN、VMD-AdaboostGRNN 和 VMD-AdaboostRBFNN 4 个基准模型的预测精度，均优于未经优化的 VMD-BPNN、VMD-ENN、VMD-GRNN 和 VMD-RBFNN 4 个基准模型的预测精度。由此可见，在碳排放权交易价格预测方面，Adaboost 算法的优化性能也

表现出较强的稳健性。

其次，在不考虑多尺度特征的情况下，参照前文选择 11 个基准模型分别进行样本内训练和样本内测试，得到 11 个不考虑多尺度特征模型对广东碳排放权交易价格和湖北碳排放权交易价格测试集的预测结果（见表5-7和表 5-8）。

表5-7　广东碳排放权交易价格不考虑多尺度特征模型预测精度

预测模型	SSE	MAE	MAPE	RMSE	NMSE	AIC	BIC
AdaboostBPNN	215.166 0	0.717 5	2.50%	0.913 2	1.096 9	0.840 5	0.841 8
AdaboostENN	160.541 0	0.685 3	2.41%	0.788 8	0.818 4	0.627 1	0.628 1
AdaboostGRNN	2 687.684 6	3.160 4	11.17%	3.227 6	13.701 5	10.498 5	10.515 2
AdaboostRBFNN	289 466 603.6	612.973 9	2 111.48%	1 059.227 8	1 475 667.305 9	1 130 694.77	1 132 500.148 8
BPNN	366.620 8	0.857 7	2.98%	1.192 1	1.869 0	1.432 1	1.434 4
ENN	242.786 3	0.866 5	3.05%	0.970 1	1.237 7	0.948 4	0.949 9
GRNN	3173.898 9	3.445 9	12.19%	3.507 4	16.180 2	12.397 7	12.417 5
RBFNN	464 835 923.4	782.237 3	2 693.11%	1 342.270 3	2 369 679.839 6	1 815 710.486 0	1 818 609.628 4
PSOBPNN	204.008 4	0.673 4	2.36%	0.889 2	1.040 0	0.796 9	0.798 2
GABPNN	365.898 4	0.962 1	3.37%	1.190 9	1.865 3	1.429 2	1.431 5
ARMA	11 580.169 7	6.367 7	22.58%	6.699 6	59.034 4	45.233 7	45.305 9
两阶段神经网络优化模型	8.075 0	0.132 0	0.47%	0.176 9	0.041 2	0.031 5	0.031 6

注：SSE 为误差平方和；MAE 为平均绝对误差；MAPE 为平均绝对百分比误差；RMSE 为均方根误差；NMSE 为归一化均方误差；AIC 为 Akaike 信息准则；BIC 为 Bayesian 信息准则。

由表 5-7 和表 5-8 可知，不论是广东碳排放权交易价格，还是湖北碳排放权交易价格，两阶段神经网络优化模型对碳排放权交易价格的预测精度高于所有不考虑多尺度特征模型的预测精度，与前文两阶段神经网络优化模型对全国碳排放权交易价格的预测结果保持一致，说明通过与不考虑多尺度特征模型相比，亦可判定两阶段神经网络优化模型在碳排放权交易价格预测效果方面具有较强的稳健性。同时，Adaboost 算法优化后模型的预测精度均显著高于优化前基准模型的预测精度，再次佐证了 Adaboost 算法对神经网络弱预测器有效的优化功能。

表5-8 湖北碳排放权交易价格不考虑多尺度特征模型预测精度

预测模型	SSE	MAE	MAPE	RMSE	NMSE	AIC	BIC
AdaboostBPNN	101.389 1	0.383 2	1.38%	0.626 9	0.516 9	0.396 0	0.396 7
AdaboostENN	110.914 1	0.407 5	1.47%	0.655 7	0.565 4	0.433 2	0.433 9
AdaboostGRNN	4 746.312 5	3.918 2	13.78%	4.289 1	24.196 2	18.539 7	18.569 3
AdaboostRBFNN	206.877 0	0.517 1	1.81%	0.895 5	1.054 6	0.808 1	0.809 4
BPNN	108.147 8	0.401 9	1.45%	0.647 4	0.551 3	0.422 4	0.423 1
ENN	117.226 6	0.421 8	1.52%	0.674 1	0.597 6	0.457 9	0.458 6
GRNN	5 604.797 5	4.256 0	14.96%	4.660 9	28.572 6	21.893 1	21.928 0
RBFNN	219.354 4	0.536 5	1.92%	0.922 1	1.118 2	0.856 8	0.858 2
PSOBPNN	102.705 8	0.392 5	1.42%	0.630 9	0.523 6	0.401 2	0.401 8
GABPNN	113.486 9	0.410 6	1.47%	0.663 2	0.578 5	0.443 3	0.444 0
ARMA	2 127.879 8	2.434 5	8.90%	2.871 9	10.847 7	8.311 8	8.325 1
两阶段神经网络优化模型	16.669 6	0.169 3	0.61%	0.254 2	0.085 0	0.065 1	0.065 2

注：SSE 为误差平方和；MAE 为平均绝对误差；MAPE 为平均绝对百分比误差；RMSE 为均方根误差；NMSE 为归一化均方误差；AIC 为 Akaike 信息准则；BIC 为 Bayesian 信息准则。

最后，在考虑多尺度特征的情况下，为进一步验证两阶段神经网络优化模型在碳排放权交易价格除噪和多尺度特征提取方面的稳健性，本部分参照前文选择 EMD、EEMD、CEEMD、CEEMDAN 4 种方法作为模态分解对比分析方法，进一步对比分析 VMD 在样本量较为充分的广东和湖北碳排放权交易试点市场上的表现，通过对与之对应的 12 个基准模型分别进行样本内训练和样本内测试，得到其他多尺度分解模型的测试集预测结果（见表 5-9 和表 5-10）。

表5-9　广东碳排放权交易价格其他多尺度分解模型预测精度

预测模型	SSE	MAE	MAPE	RMSE	NMSE	AIC	BIC
EMD-AdaboostBPNN	341.735 1	0.825 1	2.94%	1.150 9	1.742 1	1.334 9	1.337 0
EMD-AdaboostENN	550.837 5	1.136 7	4.05%	1.461 2	2.808 1	2.151 6	2.155 1
EMD-GABPNN	103.422 1	0.504 5	1.80%	0.633 1	0.527 2	0.404 0	0.404 6
EEMD-AdaboostBPNN	2 657.984 0	2.777 7	9.77%	3.209 7	13.550 1	10.382 4	10.399 0
EEMD-AdaboostENN	451.788 2	1.013 9	3.62%	1.323 3	2.303 2	1.764 7	1.767 6
EEMD-GABPNN	71.682 4	0.420 9	1.51%	0.527 1	0.365 4	0.280 0	0.280 4
CEEMD-AdaboostBPNN	211.420 7	0.651 4	2.32%	0.905 2	1.077 8	0.825 8	0.827 2
CEEMD-AdaboostENN	42.854 7	0.317 3	1.13%	0.407 6	0.218 5	0.167 4	0.167 7
CEEMD-GABPNN	1 105.622 6	1.847 2	6.59%	2.070 1	5.636 3	4.318 7	4.325 6
CEEMDAN-AdaboostBPNN	12.425 7	0.166 6	0.59%	0.219 5	0.063 3	0.048 5	0.048 6
CEEMDAN-AdaboostENN	33.405 0	0.301 5	1.07%	0.359 8	0.170 3	0.130 5	0.130 7
CEEMDAN-GABPNN	45.090 0	0.349 0	1.24%	0.418 2	0.229 3	0.176 1	0.176 4
两阶段神经网络优化模型	8.075 0	0.132 0	0.47%	0.176 9	0.041 2	0.031 5	0.031 6

注：SSE 为误差平方和；MAE 为平均绝对误差；MAPE 为平均绝对百分比误差；RMSE 为均方根误差；NMSE 为归一化均方误差；AIC 为 Akaike 信息准则；BIC 为 Bayesian 信息准则。

结合表 5-5 和表 5-9 发现，广东碳排放权交易价格预测精度中，VMD-AdaboostBPNN、VMD-AdaboostENN、VMD-GABPNN 3 个模型的 SSE 分别为 8.886 2、10.753 7、11.843 6，MAE 分别为 0.138 4、0.155 2、0.164 1，MAPE 分别为 0.49%、0.55%、0.58%，RMSE 分别为 0.185 6、0.204 2、0.214 3，NMSE 分别为 0.045 3、0.054 8、0.060 4，AIC 分别为 0.034 7、0.042 0、0.046 3，BIC 分别为 0.034 8、0.042 1、0.046 3。即与基于 EMD、EEMD、CEEMD、CEEMDAN 4 种模态分解法的基准模型的预测精度相比，VMD-AdaboostBPNN、VMD-AdaboostENN、VMD-GABPNN 的所有预测精度均为最优。这表明广东碳排放权交易价格在进行 VMD 分解后，AdaboostBPNN、

AdaboostENN、GABPNN 3 个基准模型的所有预测精度均明显强于 EMD、EEMD、CEEMD、CEEMDAN 4 种模态分解法分解后基准模型的预测精度。

表5-10　湖北碳排放权交易价格其他多尺度分解模型预测精度

预测模型	SSE	MAE	MAPE	RMSE	NMSE	AIC	BIC
EMD-AdaboostBPNN	56.068 7	0.316 8	1.15%	0.466 2	0.285 8	0.219 0	0.219 4
EMD-AdaboostENN	1 979.227 1	1.980 7	6.98%	2.769 7	10.089 9	7.731 1	7.743 5
EMD-GABPNN	213.624 8	0.773 8	2.77%	0.909 9	1.089 0	0.834 4	0.835 8
EEMD-AdaboostBPNN	99.692 8	0.458 3	1.64%	0.621 6	0.508 2	0.389 4	0.390 0
EEMD-AdaboostENN	1 720.207 2	1.895 4	6.64%	2.582 1	8.769 4	6.719 4	6.730 1
EEMD-GABPNN	35.461 3	0.260 4	0.94%	0.370 7	0.180 8	0.138 5	0.138 7
CEEMD-AdaboostBPNN	46.472 3	0.264 9	0.96%	0.424 4	0.236 9	0.181 5	0.181 8
CEEMD-AdaboostENN	1 436.492 1	1.649 6	5.78%	2.359 6	7.323 1	5.611 1	5.620 1
CEEMD-GABPNN	217.813 0	0.689 8	2.47%	0.918 8	1.110 4	0.850 8	0.852 2
CEEMDAN-AdaboostBPNN	40.157 7	0.257 7	0.93%	0.394 5	0.204 7	0.156 9	0.157 1
CEEMDAN-AdaboostENN	77.059 1	0.348 7	1.26%	0.546 5	0.392 8	0.301 0	0.301 5
CEEMDAN-GABPNN	94.698 5	0.469 3	1.67%	0.605 8	0.482 8	0.369 9	0.370 5
两阶段神经网络优化模型	16.669 6	0.169 3	0.61%	0.254 2	0.085 0	0.065 1	0.065 2

注：SSE 为误差平方和；MAE 为平均绝对误差；MAPE 为平均绝对百分比误差；RMSE 为均方根误差；NMSE 为归一化均方误差；AIC 为 Akaike 信息准则；BIC 为 Bayesian 信息准则。

表 5-10 中的结果表明，在湖北碳排放权交易价格预测方面，在考虑碳排放权交易价格多尺度特征的情况下，相较于其他多尺度分解模型，两阶段神经网络优化模型的 SSE、MAE、MAPE、RMSE、NMSE、AIC 和 BIC 7 个判断指标数值均为最小，即两阶段神经网络优化模型的预测效果最优，说明通过与其他多尺度分解模型相比，也证明了两阶段神经网络优化模型在碳排放权交易价格预测效果方面的稳健性。结合表 5-6 和表 5-10，将 VMD-AdaboostBPNN、VMD-AdaboostENN、VMD-GABPNN 3 个模型的预测精度与其他 12 个基准模型的预测精度进行比较，发现这 3 个模型的预测精度显

著强于其他 12 个基准模型的预测精度。这表明与前文研究结论一致，相较于 EMD、EEMD、CEEMD、CEEMDAN 4 种模态分解方法，VMD 在碳排放权交易价格除噪方面以及在提取碳排放权交易价格多尺度特征方面依然更具有优越性和有效性。

综上，当变更碳排放权交易市场后，通过从单一模型、不考虑多尺度特征模型以及其他多尺度分解模型三方面对两阶段神经网络优化模型进行多市场预测稳健性分析，均发现两阶段神经网络优化模型在碳排放权交易价格预测方面的表现最佳，即变更市场后发现两阶段神经网络优化模型在碳排放权交易价格预测方面具有稳健性。

5.5.2　多步预测稳健性分析

前文关于碳排放权交易价格的预测，均为向前一步（step-1）预测，本部分将对全国碳排放权交易市场、广东和湖北碳排放权交易试点市场 3 个市场的碳排放权交易价格进行向前两步（step-2）预测，从而完成对两阶段神经网络优化模型的多步预测稳健性分析。

首先，以前文对比分析中使用的所有 34 种单一模型、不考虑多尺度特征模型，以及其他多尺度分解模型为基准模型，利用基准模型和两阶段神经网络优化模型对全国碳排放权交易价格进行向前两步的样本内训练和样本内测试，从而得到全国碳排放权交易价格向前两步测试集的预测结果（见表 5-11）。

表5-11 全国碳排放权交易价格预测精度（step-2）

预测模型	SSE	MAE	MAPE	RMSE	NMSE	AIC	BIC
AdaboostBPNN	324.756 4	2.424 3	4.80%	3.757 6	0.627 6	15.402 6	14.981 1
AdaboostENN	352.534 2	2.521 5	4.96%	3.915 0	0.681 3	16.720 1	16.262 5
AdaboostGRNN	366.675 8	2.768 8	5.50%	3.992 8	0.708 6	17.390 8	16.914 8
AdaboostRBFNN	5 649 368 647.600 6	4 265.106 7	7 948.56%	15 672.419 2	10 917 692.363 4	267 939 545.860 9	260 606 189.734 5
BPNN	336.965 1	2.670 8	5.32%	3.827 6	0.651 2	15.981 7	15.544 2
ENN	362.574 5	2.610 6	5.15%	3.970 4	0.700 7	17.196 3	16.725 6
GRNN	371.958 7	2.830 9	5.63%	4.021 5	0.718 8	17.641 3	17.158 5
RBFNN	23 537 921 174.697 0	9 227.084 9	17 179.80%	31 990.434 2	45 488 230.329 7	1 116 361 898.729 6	1 085 807 695.380 9
PSOBPNN	296.994 9	2.443 2	4.86%	3.593 4	0.574 0	14.085 9	13.700 4
GABPNN	338.299 6	2.616 5	5.19%	3.835 2	0.653 8	16.045 0	15.605 8
ARMA	545.055 0	3.501 5	6.94%	4.868 1	1.053 3	25.851 0	25.143 5
EMD-AdaboostBPNN	120.105 7	1.842 5	3.99%	2.285 2	0.232 1	5.696 4	5.540 5
EMD-AdaboostENN	132.779 6	1.901 8	4.03%	2.402 7	0.256 6	6.297 5	6.125 1
EMD-GABPNN	128.560 7	1.887 3	4.05%	2.364 2	0.248 5	6.097 4	5.930 5
EEMD-AdaboostBPNN	640.758 2	2.526 1	4.96%	5.278 2	1.238 3	30.390 0	29.558 3
EEMD-AdaboostENN	136.109 4	1.968 7	4.15%	2.432 7	0.263 0	6.455 4	6.278 7
EEMD-GABPNN	148.934 7	1.838 3	3.88%	2.544 7	0.287 8	7.063 7	6.870 4
CEEMD-AdaboostBPNN	129.577 6	2.076 5	4.47%	2.373 6	0.250 4	6.145 6	5.977 4

续表

预测模型	SSE	MAE	MAPE	RMSE	NMSE	AIC	BIC
CEEMD-AdaboostENN	113.253 5	1.636 5	3.33%	2.219 0	0.218 9	5.371 4	5.224 4
CEEMD-GABPNN	129.611 7	1.842 2	4.07%	2.373 9	0.250 5	6.147 3	5.979 0
CEEMDAN-AdaboostBPNN	171.439 9	1.721 8	3.40%	2.730 2	0.331 3	8.131 1	7.908 5
CEEMDAN-AdaboostENN	155.670 9	1.897 1	3.77%	2.601 6	0.300 8	7.383 2	7.181 1
CEEMDAN-GABPNN	1 600.933 7	4.856 3	9.29%	8.343 0	3.093 9	75.929 5	73.851 3
VMD-AdaboostBPNN	381.300 5	3.213 0	6.47%	4.071 6	0.736 9	18.084 4	17.589 4
VMD-AdaboostENN	293.231 4	2.737 7	5.48%	3.570 6	0.566 7	13.907 4	13.526 8
VMD-AdaboostGRNN	225.491 9	2.147 2	4.24%	3.131 1	0.435 8	10.694 7	10.402 0
VMD-AdaboostRBFNN	563 594 880.447 9	3 435.360 1	7 182.20%	4 950.164 2	1 089 175.783 4	26 730 306.647 8	25 998 713.043 8
VMD-BPNN	486.834 9	3.651 8	7.37%	4.600 7	0.940 8	23.089 7	22.457 8
VMD-ENN	305.849 0	2.765 8	5.53%	3.646 6	0.591 1	14.505 9	14.108 9
VMD-GRNN	231.717 4	2.158 0	4.25%	3.174 1	0.447 8	10.989 9	10.689 2
VMD-RBFNN	944 101 844.727 3	4 275.626 9	8 987.82%	6 406.864 0	1 824 524.852 9	44 777 077.812 1	43 551 554.133 4
VMD-PSOBPNN	428.237 0	3.495 5	7.07%	4.315 0	0.827 6	20.310 5	19.754 6
VMD-GABPNN	154.994 0	2.142 8	4.42%	2.595 9	0.299 5	7.351 1	7.149 9
VMD-ARMA	71 655.426 7	55.551 2	121.26%	55.816 2	138.477 8	3 398.489 9	3 305.475 2
两阶段神经网络优化模型	107.274 8	1.569 1	3.18%	2.159 7	0.207 3	5.087 9	4.948 6

注：SSE 为误差平方和；MAE 为平均绝对误差；MAPE 为平均绝对百分比误差；RMSE 为均方根误差；NMSE 为归一化均方误差；AIC 为 Akaike 信息准则；BIC 为 Bayesian 信息准则。

表 5-11 的结果表明，两阶段神经网络优化模型对全国碳排放权交易价格向前两步预测的 SSE、MAE、MAPE、RMSE、NMSE、AIC 和 BIC 7 个判断指标的值分别为 107.274 8、1.569 1、3.18%、2.159 7、0.207 3、5.087 9、4.948 6。相较于 34 种基准模型，两阶段神经网络优化模型 7 个判断指标的数值均为最小。即在全国碳排放权交易价格向前两步预测方面，两阶段神经网络优化模型的表现优于其他所有基准模型。而且，对比表 5-11 中 Adaboost 算法优化前后模型的预测结果发现，所有 Adaboost 算法优化后模型的预测效果较优化前模型的预测效果均有所提升。由此可见，两阶段神经网络优化模型在向前两步预测全国碳排放权交易价格中具有稳健性。

其次，类似于对全国碳排放权交易价格向前两步预测的处理，本书利用上述 34 个基准模型和两阶段神经网络优化模型对广东碳排放权交易价格进行向前两步的样本内训练和样本内测试，从而得到广东碳排放权交易价格向前两步测试集的预测结果（见表 5-12）。

表5-12 广东碳排放权交易价格预测精度（step-2）

预测模型	SSE	MAE	MAPE	RMSE	NMSE	AIC	BIC
AdaboostBPNN	661.521 3	1.348 5	4.71%	1.601 3	3.372 4	2.584 0	2.588 1
AdaboostENN	561.468 0	1.366 6	4.81%	1.475 2	2.862 3	2.193 2	2.196 7
AdaboostGRNN	2 918.705 4	3.289 4	11.63%	3.363 5	14.879 2	11.400 8	11.419 1
AdaboostRBFNN	3 246 387 135.000 0	2 032.498 1	7 005.39%	3 547.237 8	16 549 706.591 3	12 680 816.748 5	12 701 064.190 6
BPNN	669.509 2	1.368 4	4.80%	1.610 9	3.413 1	2.615 2	2.619 4
ENN	744.541 8	1.587 7	5.59%	1.698 8	3.795 6	2.908 3	2.912 9
GRNN	3 393.913 4	3.559 8	12.59%	3.626 9	17.301 8	13.257 1	13.278 2
RBFNN	3 470 874 267.249 6	2 131.225 1	7 347.21%	3 667.833 3	17 694 116.058 7	13 557 693.124 6	13 579 340.674 0
PSOBPNN	224.615 3	0.637 5	2.23%	0.933 1	1.145 1	0.877 4	0.878 8
GABPNN	328.648 6	0.826 4	2.88%	1.128 6	1.675 4	1.283 7	1.285 8
ARMA	11 690.218 9	6.403 5	22.70%	6.731 3	59.595 4	45.663 5	45.736 4
EMD-AdaboostBPNN	327.959 8	0.806 6	2.88%	1.127 5	1.671 9	1.281 1	1.283 1
EMD-AdaboostENN	543.642 2	1.156 8	4.12%	1.451 6	2.771 4	2.123 5	2.126 9
EMD-GABPNN	350.049 4	0.951 9	3.41%	1.164 8	1.784 5	1.367 3	1.369 5
EEMD-AdaboostBPNN	322.381 3	0.803 4	2.87%	1.117 8	1.643 5	1.259 3	1.261 3
EEMD-AdaboostENN	446.936 9	1.022 5	3.64%	1.316 2	2.278 4	1.745 8	1.748 6
EEMD-GABPNN	601.306 4	1.083 2	3.87%	1.526 6	3.065 4	2.348 8	2.352 5
CEEMD-AdaboostBPNN	186.709 2	0.611 7	2.18%	0.850 7	0.951 8	0.729 3	0.730 5

续表

预测模型	SSE	MAE	MAPE	RMSE	NMSE	AIC	BIC
CEEMD–AdaboostENN	44.921 7	0.330 1	1.17%	0.417 3	0.229 0	0.175 5	0.175 8
CEEMD–GABPNN	3 503.920 6	2.797 8	10.00%	3.685 3	17.862 6	13.686 8	13.708 6
CEEMDAN–AdaboostBPNN	18.473 5	0.200 7	0.71%	0.267 6	0.094 2	0.072 2	0.072 3
CEEMDAN–AdaboostENN	39.922 7	0.319 1	1.13%	0.393 4	0.203 5	0.155 9	0.156 2
CEEMDAN–GABPNN	131.204 9	0.588 1	2.11%	0.713 1	0.668 9	0.512 5	0.513 3
VMD–AdaboostBPNN	133.121 9	0.525 5	1.86%	0.718 3	0.678 6	0.520 0	0.520 8
VMD–AdaboostENN	20.567 5	0.215 9	0.77%	0.282 3	0.104 9	0.080 3	0.080 5
VMD–AdaboostGRNN	3 271.717 8	3.487 5	12.33%	3.561 0	16.678 8	12.779 8	12.800 2
VMD–AdaboostRBFNN	9 113.837 2	4.328 6	15.13%	5.943 5	46.461 3	35.599 9	35.656 7
VMD–BPNN	138.022 7	0.530 4	1.88%	0.731 4	0.703 6	0.539 1	0.540 0
VMD–ENN	96.433 5	0.554 3	1.98%	0.611 4	0.491 6	0.376 7	0.377 3
VMD–GRNN	2 799.684 0	3.217 0	11.37%	3.294 2	14.272 5	10.935 9	10.953 4
VMD–RBFNN	48 282.151 8	9.080 9	31.76%	13.679 9	246.136 8	188.596 5	188.897 6
VMD–PSOBPNN	18.587 7	0.206 0	0.73%	0.268 4	0.094 8	0.072 6	0.072 7
VMD–GABPNN	18.623 9	0.206 9	0.74%	0.268 7	0.094 9	0.072 7	0.072 9
VMD–ARMA	525.546 0	1.193 6	4.17%	1.427 2	2.679 2	2.052 9	2.056 1
两阶段神经网络优化模型	17.261 8	0.193 1	0.69%	0.258 7	0.088 0	0.067 4	0.067 5

注：SSE 为误差平方和；MAE 为平均绝对误差；MAPE 为平均绝对百分比误差；RMSE 为均方根误差；NMSE 为归一化均方误差；AIC 为 Akaike 信息准则；BIC 为 Bayesian 信息准则。

由表 5-12 可知，关于广东碳排放权交易价格向前两步预测，在所有预测模型中，两阶段神经网络优化模型的 SSE、MAE、MAPE、RMSE、NMSE、AIC 和 BIC 7 个判断指标最小，分别为 17.261 8、0.193 1、0.69%、0.258 7、0.088 0、0.067 4 和 0.067 5，即两阶段神经网络优化模型的预测精度最高、误差最小，这表明两阶段神经网络优化模型在广东碳排放权交易价格向前两步预测时仍然表现最好。此外，表 5-12 的结果表明，不仅所有 Adaboost 算法优化后的模型较优化前具有更好的碳排放权交易价格预测效果，而且基于 VMD 分解后的碳排放权交易价格预测结果较基于其他 EMD、EEMD、CEEMD、CEEMDAN 4 种模态分解方法分解后的碳排放权交易价格的预测结果更为准确。因此，通过广东碳排放权交易价格向前两步预测发现，两阶段神经网络优化模型不仅能更好地提取碳排放权交易价格的多尺度特征，而且在广东碳排放权交易价格向前两步预测方面也具有良好的稳健性。

最后，本书利用上述 34 个基准模型和两阶段神经网络优化模型对湖北碳排放权交易价格进行向前两步的样本内训练和样本内测试，得到湖北碳排放权交易价格向前两步测试集的预测结果如表 5-13 所示。

表5-13　湖北碳排放权交易价格预测精度（Step-2）

预测模型	SSE	MAE	MAPE	RMSE	NMSE	AIC	BIC
AdaboostBPNN	149.309 5	0.465 3	1.67%	0.760 7	0.761 2	0.583 2	0.584 2
AdaboostENN	163.009 1	0.520 7	1.87%	0.794 9	0.831 0	0.636 7	0.637 8
AdaboostGRNN	4 693.903 1	3.889 9	13.68%	4.265 4	23.929 0	18.335 0	18.364 3
AdaboostRBFNN	247.167 3	0.594 8	2.12%	0.978 8	1.260 0	0.965 5	0.967 0
BPNN	174.219 8	0.510 4	1.82%	0.821 7	0.888 2	0.680 5	0.681 6
ENN	175.083 8	0.544 8	1.96%	0.823 8	0.892 6	0.683 9	0.685 0
GRNN	5 550.756 3	4.230 2	14.87%	4.638 4	28.297 1	21.682 0	21.716 6
RBFNN	286.840 9	0.625 1	2.23%	1.054 4	1.462 3	1.120 4	1.122 2
PSOBPNN	180.900 4	0.526 3	1.88%	0.837 4	0.922 2	0.706 6	0.707 7
GABPNN	171.969 6	0.504 6	1.82%	0.816 4	0.876 7	0.671 7	0.672 8

续表

预测模型	SSE	MAE	MAPE	RMSE	NMSE	AIC	BIC
ARMA	1 858.576 8	2.254 1	8.27%	2.684 0	9.474 8	7.259 8	7.271 4
EMD-AdaboostBPNN	57.802 1	0.330 5	1.20%	0.473 3	0.294 7	0.225 8	0.226 1
EMD-AdaboostENN	81.786 3	0.386 4	1.40%	0.563 0	0.416 9	0.319 5	0.320 0
EMD-GABPNN	302.821 8	0.903 6	3.23%	1.083 4	1.543 8	1.182 9	1.184 8
EEMD-AdaboostBPNN	110.442 7	0.500 1	1.79%	0.654 3	0.563 0	0.431 4	0.432 1
EEMD-AdaboostENN	251.030 0	0.765 5	2.73%	0.986 4	1.279 7	0.980 6	0.982 1
EEMD-GABPNN	5 883.390 3	3.468 2	12.42%	4.775 3	29.992 8	22.981 3	23.018 0
CEEMD-AdaboostBPNN	48.545 7	0.284 8	1.03%	0.433 8	0.247 5	0.189 6	0.189 9
CEEMD-AdaboostENN	80.476 6	0.388 0	1.39%	0.558 5	0.410 3	0.314 4	0.314 9
CEEMD-GABPNN	82.771 2	0.427 0	1.55%	0.566 4	0.422 0	0.323 3	0.323 8
CEEMDAN-AdaboostBPNN	55.352 2	0.296 8	1.07%	0.463 2	0.282 2	0.216 2	0.216 6
CEEMDAN-AdaboostENN	78.047 4	0.360 2	1.30%	0.550 0	0.397 9	0.304 9	0.305 4
CEEMDAN-GABPNN	49.474 5	0.299 5	1.08%	0.437 9	0.252 2	0.193 3	0.193 6
VMD-AdaboostBPNN	38.538 1	0.249 1	0.90%	0.386 5	0.196 5	0.150 5	0.150 8
VMD-AdaboostENN	69.605 4	0.365 4	1.33%	0.519 4	0.354 8	0.271 9	0.272 3
VMD-AdaboostGRNN	969.333 8	1.665 8	6.01%	1.938 3	4.941 6	3.786 3	3.792 4
VMD-AdaboostRBFNN	461 129.945 0	16.602 5	62.02%	42.276 8	2 350.787 2	1 801.234 4	1 804.110 5
VMD-BPNN	45.074 9	0.280 1	1.02%	0.418 0	0.229 8	0.176 1	0.176 3
VMD-ENN	75.331 2	0.387 0	1.41%	0.540 4	0.384 0	0.294 3	0.294 7
VMD-GRNN	976.809 3	1.658 0	6.02%	1.945 8	4.979 7	3.815 5	3.821 6
VMD-RBFNN	3 292 958.597 0	40.651 2	153.86%	112.975 2	16 787.122 5	12 862.731 0	12 883.268 9
VMD-PSOBPNN	103.632 5	0.497 9	1.82%	0.633 8	0.528 3	0.404 8	0.405 4
VMD-GABPNN	40.373 7	0.256 0	0.93%	0.395 6	0.205 8	0.157 7	0.158 0
VMD-ARMA	3 339.102 3	3.054 1	11.14%	3.597 5	17.022 4	13.043 0	13.063 8
两阶段神经网络优化模型	36.576 7	0.245 0	0.89%	0.376 5	0.186 5	0.142 9	0.143 1

注：SSE 为误差平方和；MAE 为平均绝对误差；MAPE 为平均绝对百分比误差；RMSE 为均方根误差；NMSE 为归一化均方误差；AIC 为 Akaike 信息准则；BIC 为 Bayesian 信息准则。

表 5-13 的结果表明，湖北碳排放权交易价格向前两步预测结果中，相比于所有基准模型，两阶段神经网络优化模型的预测精度仍然最为亮眼，SSE、MAE、MAPE、RMSE、NMSE、AIC 和 BIC 7 个判断指标均拥有最小值，分别为 36.576 7、0.245 0、0.89%、0.376 5、0.186 5、0.142 9 和 0.143 1，两阶段神经网络优化模型在湖北碳排放权交易价格向前两步预测时仍然表现最好。此外，在湖北碳排放权交易价格向前两步预测方面，Adaboost 算法优化后的模型较优化前具有更好的碳排放权交易价格预测效果，与前文研究结论保持一致。由此可见，两阶段神经网络优化模型在湖北碳排放权交易价格向前两步预测方面也具有良好的稳健性。

综上，不论是多市场预测稳健性分析结果，还是多步预测稳健性分析结果，两阶段神经网络优化模型在各种情况下均表现出优于基准模型的预测效果。以上结果表明两阶段神经网络优化模型不仅能实现对神经网络弱预测器进行优化，形成具有独特优势的神经网络强预测器，而且能对碳排放权交易价格各子序列的多尺度特征进行有效利用，还能对碳排放权交易价格的预测误差进行修正，解决以往对碳排放权交易价格进行预测时的误差叠加问题。

5.6 本章小结

本章首先剖析了现有碳排放权交易价格预测模型的缺陷，以及造成这些缺陷的根本原因，基于此，结合第 4 章提取出的碳排放权交易价格多尺度特征，构建了新的碳排放权交易价格预测模型，弥补了现有研究在碳排放权交易价格预测方面的短板。其次，利用本书构建的碳排放权交易价格预测模型，预测了全国碳排放权交易市场中碳排放权交易价格的未来趋势。而后，为验证本书构建的碳排放权交易价格预测模型的预测效果，将其预测结果分别与单一模型、不考虑多尺度特征模型，以及其他多尺度分解模型的预测结果进行了对比。最后，为检验本书构建的模型的鲁棒性，从多市场预测和多步预测两方面开展了稳健性分析。研究结果表明：

（1）相比于组合预测模型，两阶段神经网络优化模型对碳排放权交易价格的预测效果更为优越。相比于直接预测碳排放权交易价格，基于碳排放权交易价格的多尺度特征，对碳排放权交易价格进行组合预测更受学者们的青睐。但现有组合预测在解决碳排放权交易价格非线性和混沌性难题时，仍存在训练个体误差的差异性问题、误差叠加问题以及白噪声序列问题。为解决这3个问题，本书构建了两阶段神经网络优化模型。在碳排放权交易价格预测方面，相较于组合预测模型，两阶段神经网络优化模型预测结果的SSE、MAE、MAPE、RMSE等评判指标分别提高了47.72%、34.00%、35.13%、27.69%。可见，两阶段神经网络优化模型对碳排放权交易价格的预测效果更为优越。

（2）两阶段神经网络优化模型对碳排放权交易价格的预测效果优于其他单一模型、不考虑多尺度特征模型以及其他多尺度分解模型的预测效果。一方面，两阶段神经网络优化模型对碳排放权交易价格的预测精度高于11种单一模型的预测精度。这说明相比于传统组合预测模型，两阶段神经网络优化模型能有效解决因处理碳排放权交易价格的非线性和混沌性难题，而衍生的训练个体误差差异性问题、误差叠加问题以及白噪声序列问题。另一方面，两阶段神经网络优化模型对碳排放权交易价格的预测精度高于11种不考虑多尺度特征模型和12种其他多尺度分解模型的预测精度。这表明碳排放权交易价格多尺度特征对碳排放权交易价格精准预测有重要作用，而且相比于其他EMD、EEMD、CEEMD、CEEMDAN 4种模态分解方法，VMD更能有效处理碳排放权交易价格的多尺度特征，从而提升碳排放权交易价格预测效果。

（3）碳排放权交易价格波动性呈现出增强态势，未来一段时间碳排放权交易价格或将面临更高的波动风险。两阶段神经网络优化模型对碳排放权交易价格的样本外预测结果表现出较强的波动性，且其波动幅度和波动频率均有所增强。而且,通过多市场预测和多步预测发现,该模型预测结果具有稳健性。但碳排放权交易价格未来的波动风险是否会造成碳排放权交易价格警情,以及造成碳排放权交易价格警情的源头是什么,未来应该从何处着手防范碳排放权交易价格警情等均不清晰,需对碳排放权交易价格波动警源以及碳排放权交易价格警情开展进一步研究。

第6章 基于多尺度特征的碳排放权交易价格波动警源辨析

第5章研究表明碳排放权交易价格波动的剧烈程度具有变强的态势，为明确碳排放权交易价格出现这一波动趋势的原因，本章将辨析碳排放权交易价格波动警源。剖析可能造成碳排放权交易价格出现警情的源头，是应对碳排放权交易价格波动风险的必要过程，也是对碳排放权交易价格进行预警的重要基础。现有研究对碳排放权交易价格原始序列波动因素的挖掘较为充分，但忽略了碳排放权交易价格的多尺度特征，碳排放权交易价格的波动因素对碳排放权交易价格多尺度子序列的冲击程度和冲击效应尚不明确。基于此，本章将在考虑碳排放权交易价格多尺度特征的情况下，利用定量分析手段，在传统分析框架中纳入行为金融学因素，分别辨析碳排放权交易价格短周期子序列、碳排放权交易价格中周期子序列、碳排放权交易价格长周期子序列的主要警源，以期把握造成不同碳排放权交易价格子序列出现警情的原因。

6.1 碳排放权交易价格波动警源选择

基于前文对碳排放权交易价格波动机理分析结果，同时参考朱帮助等（2012）、吕靖烨等（2021）、Lin 和 Xu（2021）、Wen 等（2022）等研究，本节将从能源价格、国际碳资产、宏观经济政策、天气以及网络搜索5方面选择碳排放权交易价格波动警源。鉴于全国碳排放权交易价格样本有限，受模型自由度影响，选择各类警源中的代表性指标作为本书的警源[①]。

6.1.1 能源价格警源

煤炭、石油和天然气等化石能源燃烧是碳排放的主要来源（Lin et al., 2020），能源价格波动直接影响碳排放权需求。由于中国能源价格长期受政府管控，尤其是天然气和电力价格受政策影响非常大（张希良 等，2021），国内能源价格难以反映市场真实的供需关系（周灵，2016）。而中国作为能源进口大国，对国际能源的进口依存度居高不下，国际能源价格波动对中国能源消费具有显著影响（任泽平，2012）。因此，能源价格警源方面，本书主要着眼于国际能源价格，选择影响广泛的欧洲 ARA 港动力煤价格（用"ARA"表示）以及具有"石油价格标杆"之称的英国布伦特原油期货结算价格（用"BRENT"表示）作为能源价格警源。

6.1.2 国际碳资产警源

国际碳排放权交易市场和中国碳排放权交易市场之间存在风险溢出效应（王喜平 等，2021），国际碳资产价格波动会对中国碳排放权交易价格造成一定冲击。欧盟碳排放交易体系（EU ETS）作为全球最大的碳排放权交易市场（易兰 等，2017），该市场中的碳资产具有更好的代表性。因此，本书选择欧盟碳排放交易体系中的欧盟排放配额期货结算价（EUA）作为国际碳资产警源。

---

① 能源价格、国际碳资产以及宏观经济政策 3 方面的指标数据来源于万德（Wind）数据库，天气指标数据来源于空气质量在线监测分析平台。

6.1.3　宏观经济政策警源

不论是控排企业生产决策，还是金融市场投资者策略均受宏观经济政策的引导。宏观经济政策收紧或放宽均会对碳排放权交易市场的供需产生影响，从而造成碳排放权交易价格出现一定程度的波动。宏观经济政策包括货币政策、财政政策、产业政策和收入政策等针对不同目标制定的不同频率的政策。鉴于本书的碳排放权交易价格为日度数据，考虑到变量频率的一致性问题以及宏观经济政策的量化问题，本书从日度变量着手，从货币政策中选择宏观经济政策警源。上海银行间同业拆放利率（用"SHIBOR"表示）和银行间同业拆借加权利率（用"IIWR"表示）素有"基准利率"之称（蒋贤锋 等，2008；李良松，2009），是调控宏观经济的重要货币政策。因此，本书选择上海银行间同业拆放利率和银行间同业拆借加权利率作为宏观经济政策警源。

6.1.4　天气警源

天气不仅会通过影响能源消耗量，从而影响碳排放权需求（易兰 等，2017）；而且极端的天气可能刺激收紧减排力度，从而影响碳排放权供给。在诸多天气因素中，本书参考刘建和等（2020）相关研究，选择以空气质量指数（Air Quality Index，AQI）作为天气警源。本书以全国 31 个省级行政区（香港和澳门特别行政区、西藏自治区以及台湾省除外）省会城市的平均空气质量指数作为空气质量指数样本，数据来源于空气质量在线监测分析平台。

6.1.5 网络搜索警源

6.1.5.1 网络搜索数据筛选与提取

2021年9月15日，中国互联网络信息中心发布的第48次《中国互联网络发展状况统计报告》表明，截至2021年6月，中国网民人数高达10.11亿[①]。中国网民规模突破10亿大关，带动形成了全球最庞大、最活跃的数字社会。报告中指出，搜索引擎作为成熟的基础类应用，其用户规模逐年增加，用户活跃水平保持增长。在诸多搜索引擎中，百度搜索引擎常年霸占高使用率榜首，特别是手机百度一度成为网民使用最频繁的应用App之一。百度指数是基于海量网民的行为数据，针对特定关键词按日统计的搜索量，它能反映某个关键词在百度搜索引擎中某段时间内的舆论变化情况。因此，选择百度指数作为网络搜索指数，具有较强的实际依据。进而，基于与"碳排放"相关关键词的百度指数，构建网络搜索指数能反映网民的关注重点以及对碳排放权交易价格的信心。

（1）核心及扩展关键词筛选

百度搜索中的搜索量非常庞大，但并不是所有搜索都与本书研究有关，换言之，大部分搜索行为对本书而言均为无意义搜索。因此，如何从海量搜索数据中确定与本书研究有关的关键词，从而有效提取搜索信息是本部分的研究重点。关键词过少，必然难以代表网络搜索的有效信息；而关键词过多，其反映网络搜索行为的质量反而会降低（张德阳，2018）。因此，本书选取关键词的原则是，既要控制关键词数量，又要保

[①] 中国互联网络信息中心.第48次《中国互联网络发展状况统计报告》[EB/OL].（2021-9-15）[2024-07-30]. https://n2.sinaimg.cn/finance/a2d36afe/20210827/FuJian1.pdf.

证关键词质量。

首先，本书从研究题目中提取核心词汇"碳排放"作为网络搜索的核心关键词。然后，考虑到百度指数平台中"需求图谱"功能可以显示与搜索的关键词强相关的其他搜索词汇，本书利用百度指数平台中"需求图谱"对关键词的推荐功能，扩展网络搜索的其他关键词。

百度指数平台中"需求图谱"能给出与搜索的关键词"碳排放"不同相关程度的其他关键词。本书根据"需求图谱"对核心关键词"碳排放"在2021年2月底、2021年4月底、2021年6月底、2021年8月底、2021年10月底和2021年12月底推荐的强相关性词汇，并人为删除强相关性词汇中出现的"水晶裂痕""香港月饼"等明显无关关键词，初步确定50个扩展关键词。而后，由于这50个关键词中部分关键词内容重复，比如"碳达峰""碳中和"与"碳达峰碳中和"，且部分关键词出现连续"0"值，说明在一段连续时间内该关键词无人问津，缺乏代表性。因此，本书剔除了内容重复及连续出现"0"值的关键词，以消除干扰信息。最终，本书保留了13个有效关键词，具体为："二氧化碳""二氧化碳排放""减排""环保税""环境税""碳""碳中和""碳交易""碳排放""碳排放税""碳排放量""碳汇""碳足迹"。

（2）百度指数提取及统计特征

百度指数可按地区计量某一关键词当日的搜索量。鉴于百度指数平台不能直接下载关键词的百度指数，本书利用爬虫技术获取关键词在全国范围内的百度指数。基于各关键词的百度指数，参考碳排放权的有效交易日期，对百度指数剔除无效交易日的数据，再计算各关键词百度指数的统计特征，结果见表6-1。

表6-1 关键词百度指数的统计特征

关键词	均值	中值	最大值	最小值	标准差	偏度	峰度	JB检验 P 值
二氧化碳	2 330.377	2 294.5	4 365	1 781	302.407	3.199	18.589	0.001
二氧化碳排放	148.982	148.5	196	68	18.018	-1.758	7.724	0.001
减排	148.675	144.5	301	65	25.548	2.141	13.382	0.001
环保税	352.272	350	519	235	49.402	0.683	0.949	0.011
环境税	141.491	142.5	186	59	23.916	-1.784	4.430	0.001
碳	1 086.395	1095	1 552	868	86.512	1.273	7.419	0.001
碳中和	6 654.737	6 138.5	19 411	4 413	2 261.511	3.281	13.402	0.001
碳交易	1 534.798	1 357	15 750	822	1 416.449	9.209	91.820	0.001
碳排放	1 140.658	1 081.5	2 502	605	379.061	0.477	-0.330	0.063
碳排放税	108.588	126.5	212	0	41.090	-0.050	-0.985	0.066
碳排放量	182.307	179	259	141	22.335	1.081	1.987	0.001
碳汇	776.851	757.5	1 213	530	143.380	0.536	-0.042	0.052
碳足迹	387.377	379	544	271	63.869	0.243	-0.837	0.071

表6-1的结果表明，在13个关键词中，第一，"碳中和"的均值、中值、最大值和最小值均为最大，分别为6 654.737、6 138.5、19 411和4 413。说明整体上，网民对"碳中和"的搜索最频繁，对其关注度也最高。另外对"二氧化碳""碳交易"等关键词的关注度相对较高。第二，对比各关键词的标准差，发现"碳中和"的标准差仍为最大，即2 261.511，"碳交易"次之，为1 416.499，且这两个关键词的标准差远大于其他关键词的标准差，说明这两个关键词的百度指数较其他关键词而言波动性更大，网民对这两个关键词的关注程度更易变动。第三，从偏度来看，"二氧化碳""减排""环保税""碳""碳中和""碳交易""碳排放""碳排放量""碳汇""碳足迹"的偏度均大于0，说明这10个关键词的百度指数均表现出不同程度的右偏分布，而其余3个关键词的偏度小于0，说明其余3个关键词百度指数表现出左偏分布。第四，从峰度来看，关键词"碳交易"的峰度远远大于其他12个关键词的峰度，可见"碳交易"呈现出最为明显的尖峰分布，而"碳排

放""碳排放税""碳汇"以及"碳足迹"的峰度小于 0，说明这 4 个关键词的百度指数趋势最为平缓，呈现出矮胖式的分布。第五，JB 检验 P 值结果表明，在 10% 的显著性水平上，所有关键词均拒绝正态分布的原假设，即所有关键词的百度指数均不是正态分布，而是呈现出一定的非线性特征。

6.1.5.2　网络搜索指数测度

由前文的分析可知，大部分关键词百度指数的波动程度均相差不大，但"碳中和"与"碳交易"两个关键词的波动程度较其余 11 个关键词波动明显更为剧烈，说明这两个关键词的百度指数离散程度更强。在诸多赋权法中，熵值法作为一种客观赋权法，不仅能克服主观赋权法人为因素的干扰，使评价结果更为可信，还能突破主成分分析法等其他客观赋权法对样本量要求大的瓶颈，并有效利用不同指标的离散程度，反映各指标离散程度对综合评价的影响（郑志刚 等，2010；危平 等，2017）。因此，考虑到各关键词的百度指数所提供的信息量的差异性，以及 13 个关键词的小样本性，鉴于百度指数与赋权法的匹配性，本书参考盛天翔和范从来（2020）的研究，利用熵值法确定 13 个关键词百度指数的权重，从而测度网络搜索指数。网络搜索指数测度结果如图 6-1 所示。

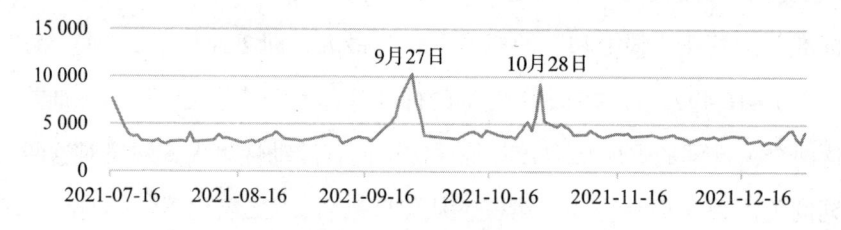

图6-1　网络搜索指数

图 6-1 的结果表明，网络搜索指数自 2021 年 7 月 16 日开始高开低走，整体表现为小幅度波动的平稳趋势，但出现了两次波峰。一次于 2021 年 9 月下旬逐渐上升，并于 2021 年 9 月 27 日出现峰值；一次为 2021 年 10 月下旬陡然上升，并于 2021 年 10 月 28 日达到峰值。究其原因，发现习近平总书记于

2020年9月22日提出"双碳"目标。2021年9月,在"双碳"目标提出一周年之际,各机构发布系列报告及举办相关主题的论坛,引发了大量关于"碳中和"的讨论。2021年9月24日,由中国循环经济协会主办的以"碳中和——循环经济在行动"为主题的论坛顺利召开,吸引了各界人士对"碳中和"的关注。2021年9月下旬,秩鼎(QuantData)发布《2021年9月碳中和研究报告》,分析了中国与"碳中和"有关的政策及金融市场情况。2021年10月24日,中共中央、国务院印发的《关于完整准确全面贯彻新发展理念做好碳达峰碳中和工作的意见》(以下简称《意见》)正式发布,该《意见》实现了对"碳中和"工作的系统谋划及总体部署。《意见》发布后,不仅得到了新华网、中国政府网等权威媒体关于"碳中和"的相关报道,而且各省(市、区)对其进行了认真传达与实施。此外,2021年10月27日,国务院新闻办通过新闻发布会发表了《中国应对气候变化的政策与行动》白皮书,回应了与"碳中和"有关的气候变化问题。鉴于以上现实表现,关键词"碳中和"在2021年9月底和2021年10月底成为网络搜索的热点,带动其百度指数出现爆发式增长。总体来看,碳排放权交易价格的趋势类似,网络搜索指数主要趋势较为平稳,说明网络搜索指数能在一定程度上反映碳排放权交易市场情绪。

6.2 短周期子序列波动警源冲击效果评价及辨析

本节基于向量自回归模型(VAR),结合脉冲响应函数和方差分解,通过剖析各警源对碳排放权交易价格短周期子序列的冲击效应及其差异性,辨析碳排放权交易价格短周期子序列波动警源。

由于时间序列数据在回归过程中可能由于异方差性而出现伪回归问题。因此,为防止这一问题,本书对碳排放权交易价格及其警源进行如下预处理:

$$LNY_t = \ln(Y_t / Y_{t-1}) \quad (6-1)$$

其中,Y为进行预处理的变量。为区分变量预处理前后的变化,分别用

LNCP、LNEUA、LNARA、LNBRENT、LNSHIBOR、LNIIWR、LNAQI、LNBDI来表示预处理后的碳排放权交易价格、EUA期货价格、欧洲ARA港动力煤价格、布伦特原油价格、上海银行间同业拆放利率、银行间同业拆借加权利率、空气质量指数和网络搜索指数。

由于碳排放权交易价格短周期和中周期子序列有负数，而根据公式（6-1）对时间序列取对数时，要求底数不能为负数，因此，为考察在多尺度特征下各种警源的作用路径和影响程度，本部分参考第4章对碳排放权交易价格子序列的分解与重构方法，利用VMD对碳排放权交易价格波动率进行分解，结合样本熵和聚类分析法，对碳排放权交易价格波动率的各子序列进行重构，从而得到碳排放权交易价格波动率的短周期子序列、中周期子序列和长周期子序列，并分别用LNCPSE1、LNCPSE2、LNCPSE3表示。

6.2.1 平稳性检验

鉴于VAR模型要求其变量为平稳性数据，故本书先利用Augmented Dickey-Fuller（ADF）单位根检验验证预处理后的碳排放权交易价格短周期子序列以及其他警源变量的平稳性，得到检验结果如表6-2所示。

表6-2 平稳性检验结果

变量	ADF 统计量	1% 临界值	5% 临界值	10% 临界值	P 值	结论
LNCPSE1	-6.168 2	-3.506	-2.889 2	-2.579 2	0.000 0	平稳
LNEUA	-14.186 9	-3.506	-2.889 2	-2.579 2	0.000 0	平稳
LNARA	-9.052 4	-3.506	-2.889 2	-2.579 2	0.000 0	平稳
LNBRENT	-10.509 2	-3.506	-2.889 2	-2.579 2	0.000 0	平稳
LNSHIBOR	-12.702 6	-3.506	-2.889 2	-2.579 2	0.000 0	平稳
LNIIWR	-12.798 3	-3.506	-2.889 2	-2.579 2	0.000 0	平稳
LNAQI	-11.271 0	-3.506	-2.889 2	-2.579 2	0.000 0	平稳
LNBDI	-11.276 9	-3.506	-2.889 2	-2.579 2	0.000 0	平稳

表 6-2 的结果表明，预处理后的碳排放权交易价格短周期子序列以及警源变量的 ADF 统计量均小于 1% 临界值，且相应的 P 值均为 0。因此，在 1% 的显著性水平下，预处理后的碳排放权交易价格短子序列及警源变量均为平稳序列。预处理后的碳排放权交易价格短周期子序列可和其他变量一起用于构建 VAR 模型。

6.2.2　向量自回归模型构建

构建向量自回归（VAR）模型的第一步是确定其阶数。本书首先通过计算其信息准则以确定 VAR 模型的阶数。利用 StataMP 14（64 位）软件，得到各信息准则计算结果如表 6-3 所示。

表6-3　VAR模型的信息准则计算结果（LNCPSE1）

lag	LL	LR	df	P	FPE	AIC	HQIC	SBIC
0	1 526.30				$1.10e^{-22}$	−27.858 7	−27.778 6	−27.661 1*
1	1 603.16	153.72	64	0.000	$8.70e^{-23}$	−28.094 6	−27.373 7	−26.316 9
2	1 747.29	288.27	64	0.000	$2.00e^{-23}$	−29.565 0	−28.203 2	−26.207 0
3	1 798.34	102.08	64	0.002	$2.70e^{-23}$	−29.327 3	−27.324 6	−24.389 0
4	2 002.63	408.59*	64	0.000	$2.30e^{-24}$*	−31.901 5*	−29.258 0*	−25.383 0

注：lag 为滞后阶数；LL 为对数似然函数；LR 为似然比检验；df 和 P 分别表示似然比统计量的自由度和 P 值；FPE 为 Akaile's final prediction error，即最小最终预报误差准则；HQIC 为 Hannan 和 Quinn 信息准则；SBIC 为 Schwarz Bayesian 信息准则。

由表 6-3 的结果可知，对于碳排放权交易价格短周期子序列而言，根据 LR、FPE、AIC 和 HQIC 准则，VAR 模型的最优滞后阶数为 4 阶；根据 SBIC 准则，最优滞后阶数为 0 阶。由于，VAR 模型不能为 0 阶滞后，且滞后阶数过多会损失较多样本量。考虑到变量的样本量，本部分根据 LR、FPE、AIC 和 HQIC 准则，确定碳排放权交易价格短周期子序列的 VAR 模型的最优滞后阶数为 4 阶。因此，针对碳排放权交易价格短周期子序列构建 VAR（4）模型，利用 StataM 14（64 位）软件得到 VAR（4）模型的系数如下：

$$
\begin{bmatrix} \text{LNCPSE1}_t \\ \text{LNEUA}_t \\ \text{LNARA}_t \\ \text{LNBRENT}_t \\ \text{LNSHIBOR}_t \\ \text{LNIIWR}_t \\ \text{LNAQI}_t \\ \text{LNBDI}_t \end{bmatrix} = \begin{bmatrix} 1.5479 & 0.0181 & -0.0023 & -0.0125 & 0.0530 & -0.0504 & 0.0001 & -0.0020 \\ 0.4408 & -0.3353 & 0.0434 & -0.0257 & 0.9424 & -0.9820 & -0.0042 & 0.0050 \\ 0.9928 & 0.0510 & 0.1974 & 0.6215 & -0.6499 & 0.7344 & -0.0322 & -0.0150 \\ 0.5709 & -0.0670 & -0.0110 & 0.0663 & 0.0030 & 0.0123 & 0.0168 & -0.0077 \\ -4.1029 & 0.1408 & -0.1511 & 0.1933 & -4.8118 & 4.4670 & -0.0909 & -0.0247 \\ -4.1029 & 0.1408 & -0.1511 & 0.1933 & -3.9217 & 3.5535 & -0.0836 & -0.0347 \\ -4.5658 & 0.1839 & 0.0595 & -0.8924 & 1.0893 & -1.3601 & -0.1520 & 0.0099 \\ -1.0177 & 0.6262 & 0.4199 & 0.6121 & 0.8337 & -0.8172 & -0.1641 & -0.1216 \end{bmatrix} \begin{bmatrix} \text{LNCPSE1}_{t-1} \\ \text{LNEUA}_{t-1} \\ \text{LNARA}_{t-1} \\ \text{LNBRENT}_{t-1} \\ \text{LNSHIBOR}_{t-1} \\ \text{LNIIWR}_{t-1} \\ \text{LNAQI}_{t-1} \\ \text{LNBDI}_{t-1} \end{bmatrix}
$$

$$
+ \begin{bmatrix} -2.3953 & 0.0013 & -0.0038 & 0.0035 & 0.0351 & -0.0330 & 0.0005 & -0.0010 \\ -0.0807 & -0.0955 & -0.1066 & 0.0947 & 0.3303 & -0.3464 & -0.0258 & -0.0127 \\ -1.3743 & -0.2270 & 0.0698 & 0.1104 & -2.6418 & 2.6730 & -0.0099 & 0.0145 \\ -0.1953 & -0.1895 & 0.0252 & 0.0664 & -0.0227 & 0.0560 & -0.0163 & 0.0015 \\ 3.1241 & 0.0289 & 0.1189 & 0.1933 & -2.1108 & 2.0576 & 0.0473 & -0.1559 \\ 3.1241 & -0.0289 & 0.1189 & -0.3078 & -1.4650 & 1.3902 & 0.0457 & -0.1552 \\ 5.7854 & 2.0960 & -0.0432 & 0.8197 & 6.3537 & -6.4617 & -0.1887 & -0.2073 \\ -0.3516 & -0.1905 & 0.1569 & -0.4994 & -1.9266 & 1.6028 & 0.1107 & 0.0605 \end{bmatrix} \begin{bmatrix} \text{LNCPSE1}_{t-2} \\ \text{LNEUA}_{t-2} \\ \text{LNARA}_{t-2} \\ \text{LNBRENT}_{t-2} \\ \text{LNSHIBOR}_{t-2} \\ \text{LNIIWR}_{t-2} \\ \text{LNAQI}_{t-2} \\ \text{LNBDI}_{t-2} \end{bmatrix}
$$

$$
+ \begin{bmatrix} 1.5200 & -0.0159 & 0.0049 & 0.0176 & -0.0072 & 0.0029 & -0.0005 & 0.0003 \\ 0.3427 & 0.1177 & -0.0090 & -0.0959 & 1.5704 & -1.6257 & -0.0334 & -0.0021 \\ 1.0443 & 0.0473 & 0.1462 & 0.1085 & -1.2902 & 1.3300 & -0.0236 & 0.0429 \\ -0.0750 & -0.0933 & -0.0059 & -0.1065 & -0.1626 & 0.1218 & -0.0032 & 0.0146 \\ -1.5264 & 0.3338 & 0.3271 & 0.2920 & -2.0297 & 1.9902 & 0.0704 & 0.0106 \\ -1.5264 & 0.3338 & 0.3271 & 0.2920 & -1.7109 & 1.6350 & 0.0695 & 0.0203 \\ -3.2304 & 0.1554 & 0.1237 & 1.1861 & 4.2300 & -4.6119 & -0.2192 & 0.0361 \\ 0.1279 & -0.1334 & -0.0907 & 0.0475 & 1.5378 & -1.8231 & 0.2227 & 0.0520 \end{bmatrix} \begin{bmatrix} \text{LNCPSE1}_{t-3} \\ \text{LNEUA}_{t-3} \\ \text{LNARA}_{t-3} \\ \text{LNBRENT}_{t-3} \\ \text{LNSHIBOR}_{t-3} \\ \text{LNIIWR}_{t-3} \\ \text{LNAQI}_{t-3} \\ \text{LNBDI}_{t-3} \end{bmatrix}
$$

$$
+ \begin{bmatrix} -1.0206 & -0.0150 & -0.0001 & 0.0035 & -0.0523 & 0.0485 & 0.0004 & 0.0026 \\ 0.6096 & 0.1659 & -0.0494 & 0.0750 & 0.6695 & -0.7819 & 0.0224 & -0.0078 \\ -0.8275 & 0.0751 & -0.0792 & -0.0249 & -1.6536 & 1.6524 & -0.0219 & -0.0028 \\ 0.4301 & 0.0017 & -0.0263 & -0.0388 & -0.0072 & 0.0100 & -0.0069 & -0.0052 \\ -0.3521 & 0.4904 & 0.0543 & -0.7019 & -0.9857 & 0.9573 & 0.1158 & 0.0866 \\ -0.3521 & 0.4904 & 0.0543 & -0.7019 & -0.7794 & 0.7173 & 0.1170 & 0.0899 \\ -0.7682 & -1.1330 & 0.3577 & -0.7661 & 0.9703 & -1.5645 & -0.0844 & 0.0831 \\ -2.1102 & -1.1201 & -0.3727 & 0.7686 & -1.9198 & 1.7607 & 0.1326 & -0.2544 \end{bmatrix} \begin{bmatrix} \text{LNCPSE1}_{t-4} \\ \text{LNEUA}_{t-4} \\ \text{LNARA}_{t-4} \\ \text{LNBRENT}_{t-4} \\ \text{LNSHIBOR}_{t-4} \\ \text{LNIIWR}_{t-4} \\ \text{LNAQI}_{t-4} \\ \text{LNBDI}_{t-4} \end{bmatrix}
$$

$$
+ \begin{bmatrix} 3.84e^{-5} \\ 0.0052 \\ -0.0004 \\ 0.0019 \\ -0.0077 \\ -0.0073 \\ -0.0045 \\ 4.09e^{-5} \end{bmatrix} \begin{bmatrix} l_{1t} \\ l_{2t} \\ l_{3t} \\ l_{4t} \\ l_{5t} \\ l_{6t} \\ l_{7t} \\ l_{8t} \end{bmatrix} \quad (6-2)
$$

对 VAR（4）模型的系数进行联合显著性检验，得到检验结果如表 6-4 所示。

表6-4　VAR模型的联合显著性检验结果（LNCPSE1）

lag	被解释变量	chi2	P	被解释变量	chi2	P
1	LNCPSE1	3 873.485 0	0.000 0	LNIIWR	42.908 2	0.000 0
2		4 248.289 0	0.000 0		16.561 8	0.035 0
3		1 612.866 0	0.000 0		10.959 9	0.204 0
4		1 449.637 0	0.000 0		16.831 3	0.032 0
1	LNEUA	23.944 7	0.002 0	LNAQI	12.023 1	0.150 0
2		8.191 1	0.415 0		38.813 1	0.000 0
3		14.360 4	0.073 0		18.783 2	0.016 0
4		19.075 5	0.014 0		22.564 1	0.004 0
1	LNARA	18.793 5	0.016 0	LNBDI	9.604 7	0.294 0
2		10.940 0	0.205 0		8.621 3	0.375 0
3		7.174 5	0.518 0		10.001 6	0.265 0
4		8.410 2	0.394 0		21.899 8	0.005 0
1	LNBRENT	5.049 7	0.752 0	VAR（4）	4 515.043 0	0.000 0
2		12.847 1	0.117 0		4 796.293 0	0.000 0
3		5.415 0	0.712 0		1 917.349 0	0.000 0
4		1.879 3	0.984 0		1 756.609 0	0.000 0
1	LNSHIBOR	45.843 5	0.000 0			
2		17.441 9	0.026 0			
3		10.155 3	0.254 0			
4		16.177 1	0.040 0			

注：chi2 为卡方统计量；P 为卡方统计量对应的 P 值。

表 6-4 的结果表明，针对碳排放权交易价格短周期子序列构建的 VAR（4）模型，其系统整体的各阶卡方统计量分别为 4 515.043 0、4 796.293 0、1 917.349 0、1 756.609 0，对应 P 值均为 0，说明各阶系数在 1% 显著性水平下均高度显著。以 LNCPSE1 为被解释变量的单一方程 4 阶系数的

P 值均为 0，即在 1% 显著性水平下均高度显著。以 LNEUA 为被解释变量的单一方程 4 阶系数的 P 值分别为 0.002 0、0.415 0、0.073 0、0.014 0，说明在 10% 显著性水平下，第 1、3、4 阶系数通过显著性检验。以 LNARA 为被解释变量的单一方程 4 阶系数的 P 值分别为 0.016 0、0.205 0、0.518 0、0.394 0，在 5% 显著性水平下，仅第 1 阶系数通过了显著性检。以 LNBRENT 为被解释变量的单一方程 4 阶系数的 P 值均大于 0.1，在 10% 显著性水平下均未通过显著性检验。以 LNSHIBOR 和 LNIIWR 为被解释变量的单一方程的第 1、2、4 阶系数的 P 值小于 5%，在 5% 显著性水平下，通过显著性检验。以 LNAQI 为被解释变量的单一方程 4 阶系数的 P 值分别为 0.150 0、0.000 0、0.016 0、0.004 0，在 5% 显著性水平下，第 2、3、4 阶系数通过显著性检验。以 LNBDI 为被解释变量的单一方程 4 阶系数的 P 值分别为 0.294 0、0.375 0、0.265 0、0.005 0，在 1% 显著性水平下，仅第 4 阶系数通过显著性检验。虽然部分单一方程的某些系数不显著，但作为 8 个方程的整体，各系数均通过显著性检验。

为验证 VAR（4）模型的平稳性，计算其特征值。结果表明：

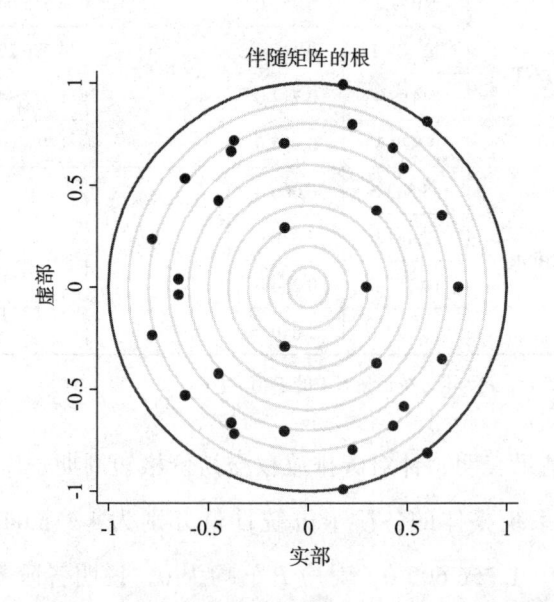

图6-2　VAR模型的特征值（LNCPSE1）

图 6-2 的结果表明，针对碳排放权交易价格短周期子序列构建的 VAR 模型的特征值绝大部分均在单位圆内，即特征值小于 1，但有 4 个特征值在单位圆上，说明部分警源对碳排放权交易价格的冲击具有很强的持续性。

6.2.3　警源冲击效应分析

脉冲响应函数能刻画当扰动项产生一个标准差大小的变化时对内生变量当前及未来的影响，且其刻画的冲击结果不受 VAR 模型中各变量顺序的影响。因此，为了探究各警源对碳排放权交易价格的冲击效应，本书将利用脉冲响应函数探究各警源受到冲击时对碳排放权交易价格的影响，从而厘清碳排放权交易价格波动风险的来源，辨析碳排放权交易价格波动警源。脉冲响应函数包括未正交化脉冲响应函数和正交化脉冲响应函数，由于未正交化脉冲响应函数容易混淆各脉冲变量受到冲击对响应变量的单独影响（吴桐雨等，2019），所以本书选择正交化脉冲效应函数来刻画警源受到冲击时对碳排放权交易价格的影响。

本部分根据前文构建的 VAR（4）模型，以碳排放权交易价格短周期子序列为响应变量，分别给碳排放权交易价格短周期子序列、EUA 期货价格、欧洲 ARA 港动力煤价格、布伦特原油价格、上海银行间同业拆放利率、银行间同业拆借加权利率、空气质量指数和网络搜索指数一个外部冲击后，得到正交化脉冲响应图如图 6-3 所示。

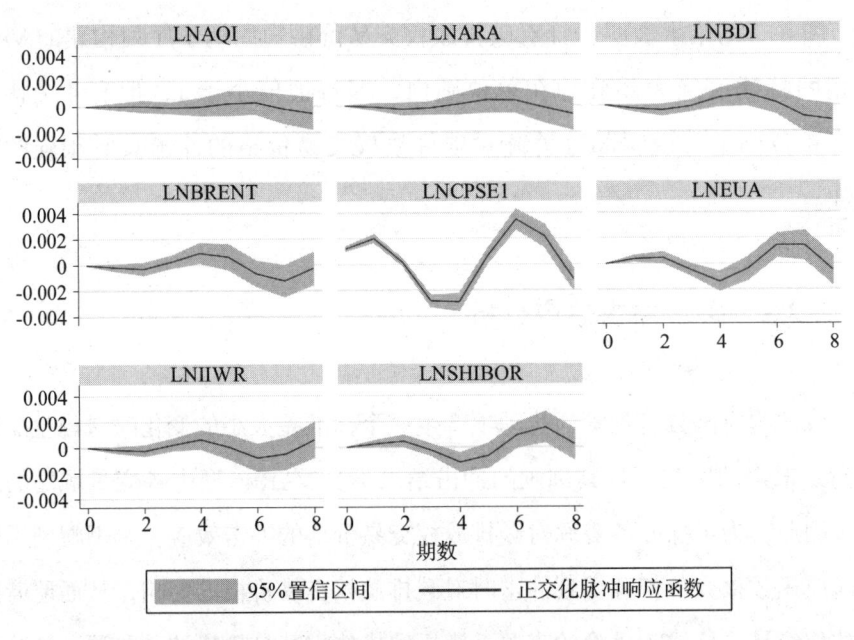

图6-3 VAR模型的脉冲响应图（LNCPSE1）

图 6-3 中，横坐标为脉冲变量冲击作用的滞后阶数；纵坐标为响应变量对脉冲变量冲击的响应程度；实线为脉冲响应函数，代表碳排放权交易价格对各脉冲变量冲击的反映；阴影部分为标准差的置信区间，即为正负两倍标准差。根据图 6-3 中脉冲响应函数的走势可以发现，总体来看，碳排放权交易价格短周期子序列受其自身的影响最大，其余警源的影响相对平稳。能源价格警源方面，欧洲 ARA 港动力煤价格和布伦特原油价格受到冲击时，碳排放权交易价格短周期子序列在滞后前 2 期出现下降后，逐渐有所回升，但整体有升有降。国际碳资产警源方面，EUA 期货价格受到冲击时，对碳排放权交易价格短周期子序列的影响有正有负，负向影响在滞后 4 期达到最大，正向影响在滞后 6 期最大。宏观经济政策警源方面，当上海银行间同业拆放利率受到冲击时，在滞后 4 期对碳排放权交易价格短周期子序列的负向作用达到最大，在滞后 7 期的正向作用为最大；当银行间同业拆借加权利率受到冲击时，在滞后 6 期的负向作用最大，在滞后 8 期的正向作用最大。天气警源方面，当空气质量指数发生变化时，对碳排放权交易价格短周期子序列的影响较弱。网络搜索警源方面，当网络搜索指数受到冲击时，碳排放权交易

价格短周期子序列在滞后前 3 期逐渐下降，后经过 2 期的短暂回升，再次下降，并在滞后 8 期下降最大。

6.2.4 警源冲击差异性分析

方差分解是根据模型中各内生变量变化的成因，将内生变量的变换分解为与解释变量相关的组成部分，达到判别各种结构冲击对内生变量不同重要程度的作用（何建敏 等，2015）。前文中，通过脉冲响应函数，厘清了可能的碳排放权交易价格短周期子序列波动警源，以及各警源对碳排放权交易价格短周期子序列的影响方向。为进一步探究各警源受到结构冲击时，对碳排放权交易价格短周期子序列变化贡献程度的差异性。本部分将继续以碳排放权交易价格短周期子序列为响应变量，以碳排放权交易价格短周期子序列、EUA 期货价格、欧洲 ARA 港动力煤价格、布伦特原油价格、上海银行间同业拆放利率、银行间同业拆借加权利率、空气质量指数和网络搜索指数为脉冲变量进行方差分解，得到方差分解结果（见图 6-4 和表 6-5）。

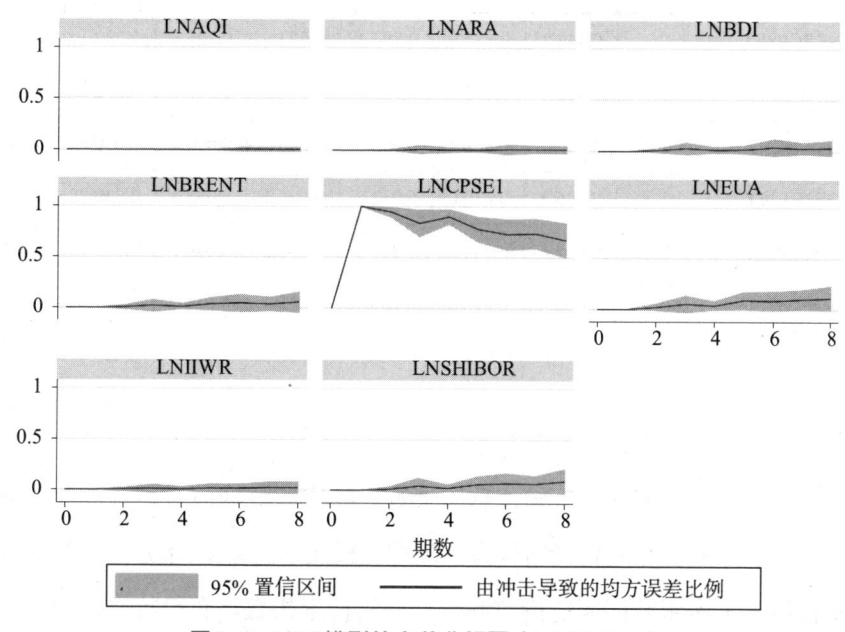

图6-4　VAR模型的方差分解图（LNCPSE1）

图 6-4 表明碳排放权交易价格短周期子序列变化主要受其自身影响，但其自身影响程度逐渐变弱。相较于碳排放权交易价格对其自身的影响程度稳定在 95% 左右，碳排放权交易价格短周期子序列在滞后 8 期时对其自身的影响程度已大幅下降至 66.89%。除碳排放权交易价格短周期子序列本身外，其他警源虽在短期内对碳排放权交易价格短周期子序列变化的贡献度不高，但均主要表现出增长趋势，且长期来看其他警源是造成碳排放权交易价格短周期子序列出现波动的源头。

碳排放权交易价格短周期子序列主要受其自身的影响，其他警源对碳排放权交易价格短周期子序列变化的贡献程度较弱。但是通过比较各警源的贡献程度，能识别出碳排放权交易价格短周期子序列受其自身之外因素冲击的变化结构。究其原因，发现全国碳排放权交易市场开市时间有限，受样本数量限制，虽然已经能反映各警源对碳排放权交易价格变化的贡献结构，但尚不能准确体现各警源的实际贡献程度。

表6-5　VAR模型的方差分解结果（LNCPSE1）

脉冲变量	lag1	lag2	lag3	lag4	lag5	lag6	lag7	lag8
LNCPCPSE1	1	0.943 1	0.833 9	0.897 1	0.774 0	0.726 6	0.732 1	0.668 9
LNEUA	0	0.023 8	0.051 7	0.039 7	0.088 3	0.086 4	0.098 3	0.112 0
LNARA	0	0.000 8	0.008 4	0.005 5	0.003 7	0.010 4	0.010 6	0.008 7
LNBRENT	0	0.006 3	0.020 0	0.012 4	0.036 1	0.045 3	0.039 2	0.058 2
LNSHIBOR	0	0.011 6	0.044 2	0.023 0	0.060 2	0.070 6	0.063 9	0.091 2
LNIIWR	0	0.005 4	0.013 4	0.009 2	0.018 1	0.016 7	0.023 9	0.023 2
LNAQI	0	8.3×10^{-7}	6.7×10^{-6}	0.000 5	0.000 3	0.002 2	0.003 2	0.003 2
LNBDI	0	0.009 1	0.028 4	0.012 5	0.019 2	0.041 8	0.028 6	0.034 6

结合图 6-4 和表 6-5 可知，总体来看，各警源短期内对碳排放权交易价格短周期子序列变化的贡献结构为：碳排放权交易价格短周期子序列＞EUA 期货价格＞上海银行间同业拆放利率＞网络搜索指数＞布伦特原油价格＞银

行间同业拆借加权利率＞欧洲 ARA 港动力煤价格＞空气质量指数；长期而言，网络搜索指数对碳排放权交易价格短周期子序列的贡献超过布伦特原油价格，但其他警源的贡献结构保持不变。

具体来看，第一，碳排放权交易价格短周期子序列对其自身变化的贡献最大，在滞后 1 期的贡献程度高达 100%，但这种影响程度呈现变弱的趋势，在滞后 8 期贡献度降至 66.89%。EUA 期货价格对碳排放权交易价格短周期子序列变化的贡献次之，在滞后 8 期贡献度已增至 11.20%，高于其他市场和政策因素的贡献度。第二，银行间同业拆借加权利率对碳排放权交易价格短周期子序列变化的贡献不及上海银行间同业拆放利率，上海银行间同业拆放利率在滞后 8 期的贡献度为 9.12%，而银行间同业拆借加权利率的贡献度仅为 2.32%。第三，网络搜索指数的贡献度自滞后 2 期开始持续提高，在滞后 8 期上升到 3.46%。第四，布伦特原油价格的贡献度在滞后 8 期达到最大，为 5.82%；欧洲 ARA 港动力煤价格的贡献度在滞后 7 期达到最大，为 1.06%，说明布伦特原油价格比欧洲 ARA 港动力煤价格对碳排放权交易价格短周期的作用更为强劲。第五，空气质量指数对碳排放权交易价格变化的贡献持续垫底，尤其是在滞后 2 期和滞后 3 期的贡献度非常微小，经过几期的积累，在滞后 7 期稳定在 0.32% 左右。

6.2.5 警源辨析结果分析

通过上述分析发现，警源冲击效应以及警源冲击差异性结果均表明，造成碳排放权交易价格短周期子序列波动最重要的原因是其自身，其次分别为国际碳资产、宏观经济政策、网络搜索、能源价格和天气。

首先，国际碳资产和能源价格是碳排放权交易价格短周期子序列波动的关键外部警源。碳排放权交易价格短周期子序列除受其自身冲击产生剧烈的波动外，当 EUA 期货价格和上海银行间同业拆放利率受到冲击时，零水平线跳出了置信区间，而其他警源受到冲击时，零水平线均保持在置信区间内，说明各类外部警源中，国际碳资产和能源价格对碳排放权交易价格短周期子序列的影响更为显著。

其次，国际碳资产以及宏观经济政策等警源对碳排放权交易价格短周期子序列的影响均表现为发散趋势，表明当这类警源受到冲击后，将对碳排放权交易价格短周期子序列造成持续影响。

最后，警源对碳排放权交易价格短周期子序列波动的影响不具有单向持续性。从各警源对碳排放权交易价格短周期子序列波动的影响方向来看，当分别给碳排放权交易价格、EUA 期货价格、欧洲 ARA 港动力煤价格、布伦特原油价格、上海银行间同业拆放利率、银行间同业拆借加权利率、空气质量指数和网络搜索指数一个标准差的正向冲击时，对碳排放权交易价格短周期子序列的影响均并不会使其持续升高或者持续下降，而是表现为正负相间的影响趋势。

6.3　中周期子序列波动警源冲击效果评价及辨析

本节参照 6.2 节短周期子序列波动警源冲击效果评价及辨析的处理方式，通过构建向量自回归模型（VAR），结合脉冲响应函数和方差分解，从各警源对碳排放权交易价格中周期子序列的冲击效应及其差异性两方面，评价碳排放权交易价格中周期子序列波动警源的冲击效果，从而辨析碳排放权交易价格中周期子序列波动警源。

6.3.1　平稳性检验

在对碳排放权交易价格中周期子序列构建 VAR 模型前，先对碳排放权交易价格中周期子序列进行平稳性检验，得到检验结果如表 6-6 所示。

表6-6 碳排放权交易价格中周期子序列平稳性检验结果

变量	ADF 统计量	1% 临界值	5% 临界值	10% 临界值	P 值	结论
LNCPSE2	-14.226 6	-3.506 0	-2.889 2	-2.579 2	0.000 0	平稳

表 6-6 的结果表明，碳排放权交易价格中周期子序列 ADF 统计量为 -14.226 6，小于 1% 显著性水平下的临界值 -3.506 0，且相应的 P 值为 0。因此，在 1% 的显著性水平下，预处理后的碳排放权交易价格中周期子序列为平稳序列。结合表 6-2 的结果可知，预处理后的碳排放权交易价格中周期子序列可和其他变量一起用于构建 VAR 模型。

6.3.2 向量自回归模型构建

参照前文 VAR 模型的构建流程，先通过计算信息准则以确定 VAR 模型的阶数，得到各信息准则计算结果如表 6-7 所示。

表6-7 VAR模型的信息准则计算结果（LNCPSE2）

lag	LL	LR	df	P	FPE	AIC	HQIC	SBIC
0	1 537.38				9.00×10^{-23}	-28.061 9	-27.981 8*	-27.864 4*
1	1 610.81	146.88	64	0.000	7.6×10^{-23}*	-28.235 1*	-27.514 2	-26.457 4
2	1 666.38	111.14	64	0.000	9.00×10^{-23}	-28.080 4	-26.718 6	-24.722 4
3	1 711.47	90.181	64	0.017	1.30×10^{-22}	-27.733 4	-25.730 8	-22.795 2
4	1 776.66	130.38*	64	0.000	1.40×10^{-22}	-27.755 3	-25.111 8	-21.236 8

注：lag 为滞后阶数；LL 为对数似然函数；LR 为似然比检验；df 和 P 分别表示似然比统计量的自由度和 P 值；FPE 为 Akaile's final prediction error，即最小最终预报误差准则；HQIC 为 Hannan 和 Quinn 信息准则；SBIC 为 Schwarz Bayesian 信息准则。

由表 6-7 的结果可知，对于碳排放权交易价格中周期子序列而言，根据 LR 准则，VAR 模型最优滞后阶数为 4 阶；根据 FPE 和 AIC 准则，最优滞后阶数为 1 阶；根据 HQIC 和 SBIC 准则，最优滞后阶数为 0 阶。参考前文对

VAR 模型最后滞后阶数的判定方法，对于碳排放权交易价格中周期子序列而言，确定其 VAR 模型的最优滞后阶数为 1 阶。因此，针对碳排放权交易价格中周期子序列构建 VAR（1）模型，从而得到 VAR（1）模型的系数如下：

$$\begin{bmatrix} LNCPSE2_t \\ LNEUA_t \\ LNARA_t \\ LNBRENT_t \\ LNSHIBOR_t \\ LNIIWR_t \\ LNAQI_t \\ LNBDI_t \end{bmatrix} = \begin{bmatrix} -0.3048 & -0.0500 & 0.0299 & -0.0384 & -0.1124 & 0.1089 & -0.0042 & -0.0110 \\ 0.2822 & -0.2944 & -0.0338 & -0.0216 & 0.5588 & -0.5780 & 0.0212 & 0.0162 \\ -0.0306 & 0.0325 & 0.2007 & 0.6233 & 0.1736 & -0.0945 & -0.0123 & -0.0386 \\ -0.0210 & -0.0004 & 0.0209 & 0.0436 & 0.2023 & -0.2063 & 0.0015 & -0.0086 \\ 0.9785 & -0.0299 & -0.1352 & -0.0256 & -4.9732 & 4.7395 & -0.0873 & -0.0088 \\ 1.0230 & -0.0252 & -0.1589 & -0.0111 & -4.4417 & 4.1794 & -0.0822 & -0.0101 \\ -2.7838 & -0.9782 & 0.1794 & -0.2870 & -2.0003 & 1.7219 & -0.0492 & 0.2131 \\ -2.2911 & -0.0124 & 0.0480 & 0.4501 & 1.2578 & -1.1130 & -0.1886 & -0.0330 \end{bmatrix} \begin{bmatrix} LNCPSE2_{t-1} \\ LNEUA_{t-1} \\ LNARA_{t-1} \\ LNBRENT_{t-1} \\ LNSHIBOR_{t-1} \\ LNIIWR_{t-1} \\ LNAQI_{t-1} \\ LNBDI_{t-1} \end{bmatrix}$$

$$+ \begin{bmatrix} -7.56 \times 10^{-5} \\ 0.0053 \\ -0.0002 \\ 0.0011 \\ -0.0030 \\ -0.0026 \\ -0.0047 \\ -0.0002 \end{bmatrix} \begin{bmatrix} l_{1t} \\ l_{2t} \\ l_{3t} \\ l_{4t} \\ l_{5t} \\ l_{6t} \\ l_{7t} \\ l_{8t} \end{bmatrix} \quad （6-3）$$

对 VAR（1）模型的系数进行联合显著性检验，得到检验结果如表 6-8 所示。

表6-8　VAR模型的联合显著性检验结果（LNCPSE2）

被解释变量	lag	chi2	P
LNCPSE2	1	23.2400	0.0030
LNEUA	1	19.1442	0.0140
LNARA	1	21.1807	0.0070
LNBRENT	1	1.5675	0.9920
LNSHIBOR	1	30.2161	0.0000
LNIIWR	1	29.4308	0.0000
LNAQI	1	17.0975	0.0029
LNBDI	1	12.9608	0.1130
ALL	1	178.2040	0.0000

注：chi2 为卡方统计量；P 为卡方统计量对应的 P 值。

表 6-8 的结果表明，针对碳排放权交易价格中周期子序列构建的 VAR（1）模型，对于 VAR（1）整体而言，卡方统计量为 178.204 0，对应 P 值为 0，说明各系数在 1% 显著性水平下高度显著；以 LNCPSE2、LNARA、LNSHIBOR、LNIIWR 和 LNAQI 为被解释变量的单一方程系数的 P 值均小于 0.01，表明在 1% 显著性水平下均通过显著性检验；以 LNEUA 为被解释变量的单一方程系数为 0.014 0，在 5% 显著性水平下显著；以 LNBRENT 和 LNBDI 为被解释变量的单一方程的系数不显著。虽然以 LNBRENT 和 LNBDI 为被解释变量的单一方程的系数不显著，但其他 6 个单一方程的系数均通过了显著性检验，而且作为 8 个方程的整体，各系数也均通过显著性检验。

为验证 VAR（1）模型的平稳性，计算其特征值，得到结果如图 6-5 所示。

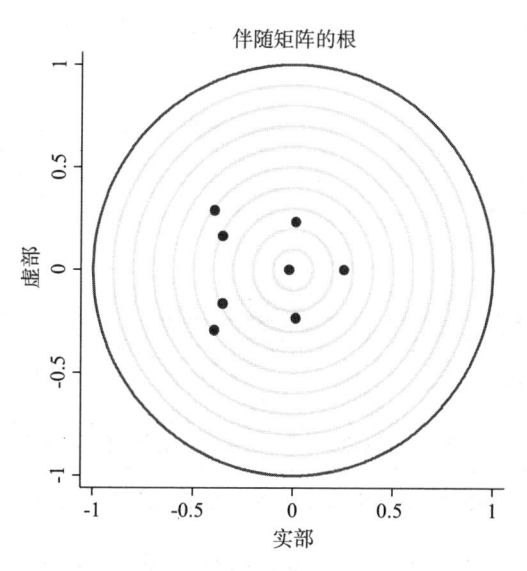

图6-5　VAR模型的特征值（LNCPSE2）

由图 6-5 的结果可知，所有特征值均在单位圆内，可见所有特征值均小于 1，说明针对碳排放权交易价格中周期子序列构建的 VAR（1）系统具有平稳性，且 VAR（1）模型中某一变量的变化对其他变量造成的冲击会逐渐减弱，最后消失。

6.3.3 警源冲击效应分析

本部分根据前文构建的 VAR（1）模型，以碳排放权交易价格中周期子序列为响应变量，当分别给碳排放权交易价格中周期子序列、EUA 期货价格、欧洲 ARA 港动力煤价格、布伦特原油价格、上海银行间同业拆放利率、银行间同业拆借加权利率、空气质量指数和网络搜索指数一个外部冲击后，得到响应变量的正交化脉冲响应图如图 6-6 所示。

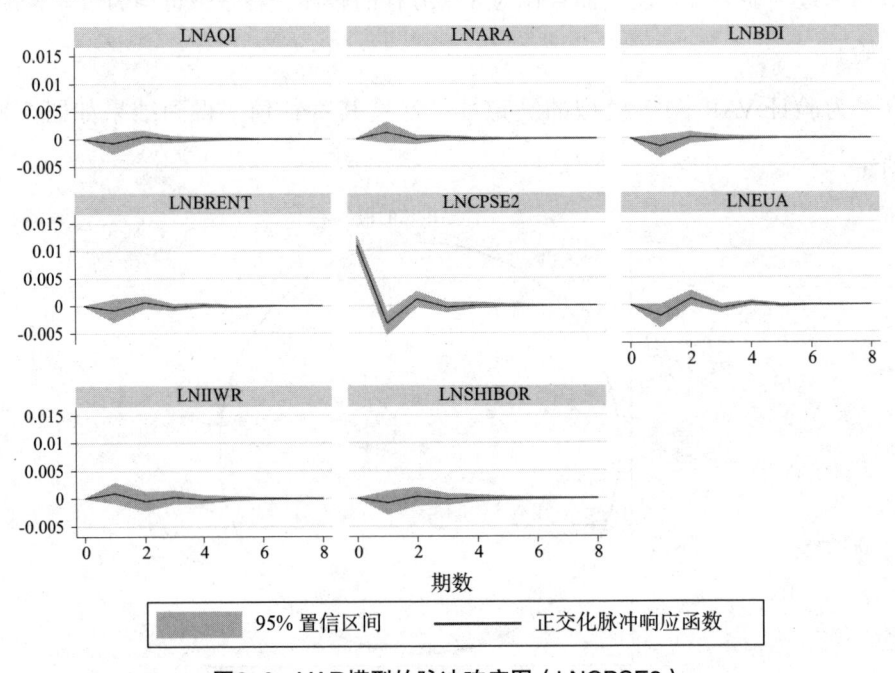

图6-6　VAR模型的脉冲响应图（LNCPSE2）

图 6-6 的结果表明，碳排放权交易价格中周期子序列仍然受其自身影响最大。而在能源价格警源方面，当欧洲 ARA 港动力煤价格和布伦特原油价格受到一个标准差的正向冲击时，对碳排放权交易价格中周期子序列的影响在滞后 1 期最大，此后逐渐减弱，直至消失。国际碳资产警源方面，当 EUA 期货价格受到一个标准差的正向冲击时，会使碳排放权交易价格中周期子序

列在滞后 1 期出现下降，在滞后 2 期有所回升，然后其影响逐渐向 0 收敛。宏观经济政策警源方面，当上海银行间同业拆放利率和银行间同业拆借加权利率受到一个标准差的正向冲击时，会使碳排放权交易价格中周期子序列时而上升时而下降，从而加剧其波动情况。天气警源和网络搜索警源方面，当空气质量指数和网络搜索指数受到一个标准差的正向冲击时，对碳排放权交易价格中周期子序列主要表现为负向影响。

6.3.4 警源冲击差异性分析

为进一步探究警源受到结构冲击时，对碳排放权交易价格中周期子序列变化贡献程度的差异性，本部分针对 VAR（1）模型进行方差分解，得到方差分解结果如图 6-7 以及表 6-9 所示。

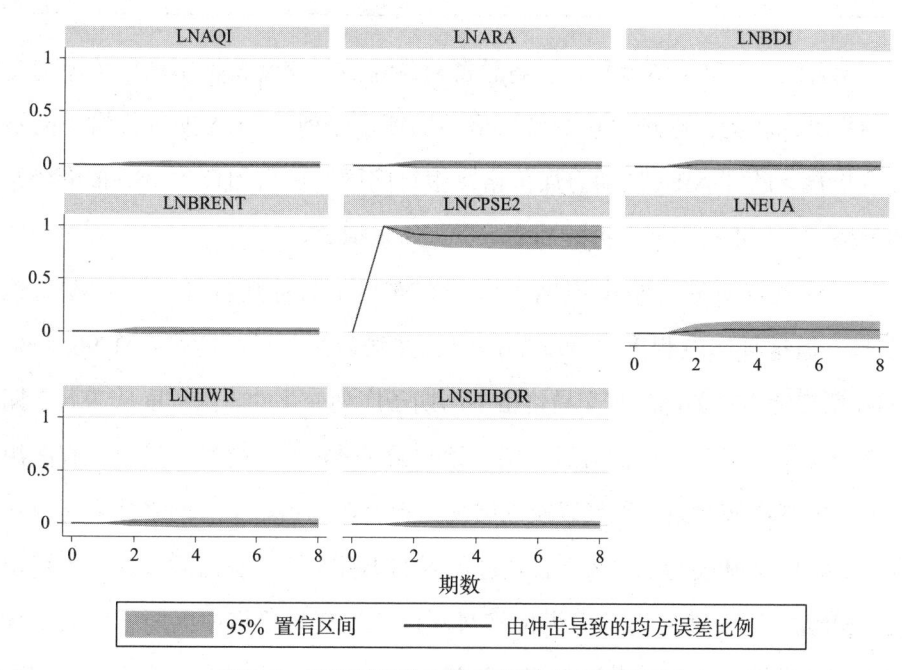

图6-7 VAR模型的方差分解图（LNCPSE2）

由图 6-7 可知，空气质量指数、上海银行间同业拆放利率以及布伦特原油价格等警源对碳排放权交易价格中周期子序列变化的贡献度持续较弱，碳排放权交易价格中周期子序列变化主要受其自身的影响，但其自身的贡献度表现出减弱走向，并最终稳定在90.60%左右。

表6-9 VAR模型的方差分解结果（LNCPSE2）

脉冲变量	lag1	lag2	lag3	lag4	lag5	lag6	lag7	lag8
LNCPCPSE2	1	0.924 6	0.910 0	0.906 7	0.906 1	0.906 0	0.906 0	0.906 0
LNEUA	0	0.028 2	0.037 2	0.039 6	0.040 0	0.040 1	0.040 1	0.040 1
LNARA	0	0.010 3	0.010 3	0.010 3	0.010 3	0.010 3	0.010 3	0.010 3
LNBRENT	0	0.005 3	0.007 5	0.007 8	0.007 9	0.007 9	0.007 9	0.007 9
LNSHIBOR	0	0.004 2	0.005 0	0.005 1	0.005 1	0.005 1	0.005 2	0.005 2
LNIIWR	0	0.007 2	0.008 8	0.009 3	0.009 4	0.009 4	0.009 4	0.009 4
LNAQI	0	0.003 7	0.005 0	0.005 1	0.005 1	0.005 1	0.005 1	0.005 1
LNBDI	0	0.016 5	0.016 2	0.016 1	0.016 1	0.016 1	0.016 1	0.016 1

结合图6-7和表6-9可知，各警源对碳排放权交易价格中周期子序列变化的贡献结构为：碳排放权交易价格中周期子序列＞EUA期货价格＞网络搜索指数＞欧洲ARA港动力煤价格＞银行间同业拆借加权利率＞布伦特原油价格＞上海银行间同业拆放利率＞空气质量指数。

碳排放权交易价格中周期子序列在滞后1期对其自身的贡献度高达100%，但这种影响程度呈现变弱趋势，在滞后8期贡献度稳定在90.60%。EUA期货价格对碳排放权交易价格中周期子序列变化的贡献程度从滞后2期的2.82%持续提高，并在滞后6期开始收敛于4.01%，超过了其他所有能源价格、宏观经济政策、天气以及网络搜索等警源的贡献度。网络搜索指数在滞后2期的贡献度为1.65%，后经过短暂的小幅下降，自滞后4期开始稳定在1.61%。欧洲ARA港动力煤价格对碳排放权交易价格中周期子序列变化的贡献度长期不变，自滞后2期一直稳定在1.03%。银行间同业拆借加权利率在滞后2期的贡献度为0.72%，后经过短暂的上升，自滞后5期开始稳定在0.94%。布伦特原油价格的表现不及欧洲ARA港动力煤价格，在滞后2

期的贡献度仅为 0.53%，后于滞后 5 期开始稳定在 0.79%。上海银行间同业拆放利率在滞后 2 期的贡献度为 0.42%，后出现小幅回升，于滞后 7 期开始稳定在 0.52% 左右。空气质量指数的表现最不亮眼，在滞后 2 期的贡献度仅 0.37%，后出现 2 期持续升高，在滞后 4 期后保持在 0.51% 左右。

6.3.5　警源辨析结果分析

结合碳排放权交易价格中周期子序列的警源冲击效应和警源冲击差异性结果发现，碳排放权交易价格中周期子序列波动最重要的警源仍是其自身，其次分别为国际碳资产、网络搜索、能源价格、宏观经济政策和天气。

首先，国际碳资产、网络搜索和能源价格是碳排放权交易价格中周期子序列波动的重要贡献警源。特别是国际碳资产对碳排放权交易价格中周期子序列变化的贡献断层领先，可见应重视国际碳资产价格波动对碳排放权交易价格中周期子序列的影响。

其次，警源对碳排放权交易价格中周期子序列的冲击具有滞后性。当警源受到一个标准差的正向冲击时，仅碳排放权交易价格中周期子序列对其自身在当期会产生影响，其他警源对碳排放权交易价格中周期子序列的影响均表现出滞后性。

最后，警源对碳排放权交易价格中周期子序列的冲击不具有持续性。所有警源对碳排放权交易价格中周期子序列的影响都十分有限，均表现为在滞后 4 期趋于 0，外部警源对碳排放权交易价格中周期子序列的影响逐渐消失。

6.4　长周期子序列波动警源冲击效果评价及辨析

本节参照 6.2 节短周期子序列波动警源冲击效果评价及辨析的分析过程，通过构建向量自回归模型（VAR），结合脉冲响应函数和方差分解，从各警源对碳排放权交易价格长周期子序列的冲击效应及其差异性两方面，评价碳排放权交易价格长周期子序列波动警源的冲击效果，从而辨析碳排放权交易价格长周期子序列波动警源。

6.4.1　平稳性检验

在对碳排放权交易价格长周期子序列构建 VAR 模型前，先对碳排放权交易价格长周期子序列进行平稳性检验，得到检验结果如表 6-10 所示。

表6-10　碳排放权交易价格长周期子序列平稳性检验结果

变量	ADF 统计量	1% 临界值	5% 临界值	10% 临界值	P 值	结论
LNCPSE3	−2.959 7	−3.506 3	−2.889 3	−2.579 3	0.038 8	平稳

表 6-10 的结果表明，碳排放权交易价格长周期子序列 ADF 统计量为 −2.959 7，小于 5% 显著性水平下的临界值 −2.889 3，相应的 P 值为 0.038 8，小于 5%。因此，在 5% 的显著性水平下，预处理后的碳排放权交易价格长周期子序列为平稳序列。结合表 6-2 的结果可知，预处理后的碳排放权交易价格长周期子序列可和其他变量一起用于构建 VAR 模型。

6.4.2 向量自回归模型构建

参照前文 VAR 模型的构建流程，先通过计算信息准则以确定 VAR 模型的阶数，得到各信息准则计算结果如表 6-11 所示。

表6-11　VAR模型的信息准则计算结果（LNCPSE3）

lag	LL	LR	df	P	FPE	AIC	HQIC	SBIC
0	1 613.32				2.20×10^{-23}	−29.455 5	−29.375 3	−29.257 9
1	1 966.72	706.8	64	0.000	1.10×10^{-25}	−34.765 5	−34.044 6	−32.987 8
2	2 156.22	379.01	64	0.000	1.1×10^{-26}*	−37.068 3*	−35.706 5*	−33.710 3*
3	2 194.76	77.076	64	0.126	1.90×10^{-26}	−36.601 1	−34.598 5	−31.662 9
4	2 261.76	133.99*	64	0.000	1.90×10^{-26}	−36.656 1	−34.012 6	−30.137 6

注：lag 为滞后阶数；LL 为对数似然函数；LR 为似然比检验；df 和 P 分别表示似然比统计量的自由度和 P 值；FPE 为 Akaile's final prediction error，即最小最终预报误差准则；HQIC 为 Hannan 和 Quinn 信息准则；SBIC 为 Schwarz Bayesian 信息准则。

由表 6-11 结果可知，对于碳排放权交易价格长周期子序列而言，根据 LR 准则，VAR 模型最优滞后阶数为 4 阶；根据 FPE、AIC、HQIC 和 SBIC 准则，最优滞后阶数为 2 阶。参考前文对 VAR 模型最后滞后阶数的判定方法，对于碳排放权交易价格长周期子序列而言，确定其 VAR 模型的最优滞后阶数为 2 阶。因此，针对碳排放权交易价格长周期子序列构建 VAR（2）模型，从而得到 VAR（2）模型的系数如下：

$$\begin{bmatrix} \text{LNCPSE3}_t \\ \text{LNEUA}_t \\ \text{LNARA}_t \\ \text{LNBRENT}_t \\ \text{LNSHIBOR}_t \\ \text{LNIIWR}_t \\ \text{LNAQI}_t \\ \text{LNBDI}_t \end{bmatrix} = \begin{bmatrix} 1.9784 & 0.0003 & -0.0002 & -0.0003 & -0.0010 & -0.0008 & 0.0001 & -0.0001 \\ -2.9732 & -0.3453 & 0.0102 & -0.0210 & 0.3526 & -0.3718 & 0.0224 & -0.0102 \\ 7.8549 & 0.0227 & 0.2063 & 0.6328 & -0.4297 & 0.4965 & 0.0253 & -0.0255 \\ 4.0255 & -0.0273 & -0.0058 & 0.0651 & -0.0432 & 0.0548 & 0.0051 & -0.0101 \\ -2.4784 & -0.1522 & -0.1005 & 0.0347 & -5.9659 & 5.6844 & -0.0905 & 0.0440 \\ -2.8054 & -0.1571 & -0.1297 & 0.0486 & -5.2958 & 4.9885 & -0.0856 & 0.0429 \\ -8.4341 & -0.0163 & -0.0606 & -0.0535 & -0.9816 & 0.6479 & -0.0391 & 0.0279 \\ -9.3315 & 0.2248 & 0.1734 & 0.1773 & 1.3239 & 1.2960 & 0.2299 & 0.0482 \end{bmatrix} \begin{bmatrix} \text{LNCPSE3}_{t-1} \\ \text{LNEUA}_{t-1} \\ \text{LNARA}_{t-1} \\ \text{LNBRENT}_{t-1} \\ \text{LNSHIBOR}_{t-1} \\ \text{LNIIWR}_{t-1} \\ \text{LNAQI}_{t-1} \\ \text{LNBDI}_{t-1} \end{bmatrix}$$

$$+ \begin{bmatrix} -0.9833 & 0.0006 & -0.0001 & -0.0003 & -0.0019 & -0.0017 & 2.8^{e-5} & 3.84^{e-5} \\ 2.9494 & -0.1481 & -0.0788 & -0.0714 & -0.3314 & 0.3516 & -0.0103 & 0.0084 \\ -8.1735 & -0.1819 & 0.0846 & 0.0188 & -1.5264 & 1.5398 & -0.0060 & 0.0210 \\ -4.0390 & -0.1171 & 0.0202 & 0.0267 & -0.0220 & 0.0755 & -0.0051 & -0.0113 \\ 0.3120 & -0.4370 & 0.1047 & -0.2840 & -2.7287 & 2.6457 & 0.0223 & -0.1262 \\ 0.8212 & -0.4199 & 0.1168 & -0.3074 & -2.4117 & 2.3188 & 0.0242 & -0.1210 \\ 8.5243 & 1.8910 & 0.2078 & 1.0343 & 2.0710 & 2.0500 & -0.2967 & -0.1005 \\ 9.0320 & -0.1065 & 0.0673 & 0.1300 & 2.8115 & 2.5955 & 0.0297 & -0.0481 \end{bmatrix} \begin{bmatrix} \text{LNCPSE3}_{t-2} \\ \text{LNEUA}_{t-2} \\ \text{LNARA}_{t-2} \\ \text{LNBRENT}_{t-2} \\ \text{LNSHIBOR}_{t-2} \\ \text{LNIIWR}_{t-2} \\ \text{LNAQI}_{t-2} \\ \text{LNBDI}_{t-2} \end{bmatrix}$$

$$+ \begin{bmatrix} 1.98 \times 10^{-6} \\ 0.0066 \\ -0.0007 \\ 0.0012 \\ -0.0033 \\ -0.0028 \\ -0.0053 \\ -0.0005 \end{bmatrix} \begin{bmatrix} l_{1t} \\ l_{2t} \\ l_{3t} \\ l_{4t} \\ l_{5t} \\ l_{6t} \\ l_{7t} \\ l_{8t} \end{bmatrix} \quad (6\text{-}4)$$

对VAR（2）模型的系数进行联合显著性检验，得到检验结果见表6-12。

表6-12 VAR模型的联合显著性检验结果（LNCPSE3）

lag	被解释变量	chi2	$P >$ chi2	被解释变量	chi2	$P >$ chi2
1	LNCPSE3	5 674.8480	0.0000	LNIIWR	34.3427	0.0000
2		1 351.3870	0.0000		14.7993	0.0630
1	LNEUA	16.5710	0.0350	LNAQI	6.8909	0.5480
2		6.8704	0.5510		32.4888	0.0000
1	LNARA	21.0556	0.0070	LNBDI	9.0724	0.3360
2		7.4135	0.4930		4.8959	0.7690
1	LNBRENT	2.3192	0.9700	ALL	6 427.4810	0.0000
2		12.4489	0.1320		1 597.8110	0.0000
1	LNSHIBOR	36.0788	0.0000			
2		15.4326	0.0510			

注：chi2为卡方统计量；P为卡方统计量对应的P值。

由表 6-12 的结果可知，针对碳排放权交易价格长周期子序列构建的 VAR（2）模型，对于 VAR（2）整体而言，第 1、2 阶系数的卡方统计量分别为 6 427.481 0 和 1 597.811 10，对应 P 值均为 0.000 0，说明各阶系数在 1% 显著性水平下均高度显著；以 LNCPSE3 为被解释变量的单一方程系数的 P 值均为 0，表明在 1% 显著性水平下均通过显著性检验；以 LNSHIBOR 和 LNIIWR 为被解释变量的单一方程系数的 P 值均小于 0.1，表明在 10% 显著性水平下均通过显著性检验；以 LNEUA 和 LNARA 为被解释变量的单一方程系数的 P 值均小于 0.05，在 5% 显著性水平下通过检验；以 LNAQI 为被解释变量的单一方程第 1、2 阶系数的 P 值分别为 0.548 0 和 0.000 0，即第 1 阶系数未通过显著性检验，第 2 阶系数在 1% 显著性水平下高度显著；以 LNBDI 为被解释变量的单一方程的第 1、2 阶系数均不显著。虽然部分单一方程的系数不显著，但以 LNCPSE3 为被解释变量的单一方程以及作为 8 个方程的整体，二者的各阶系数均通过显著性检验。

为验证 VAR（2）模型的平稳性，计算其特征值，得到结果如图 6-8 所示。

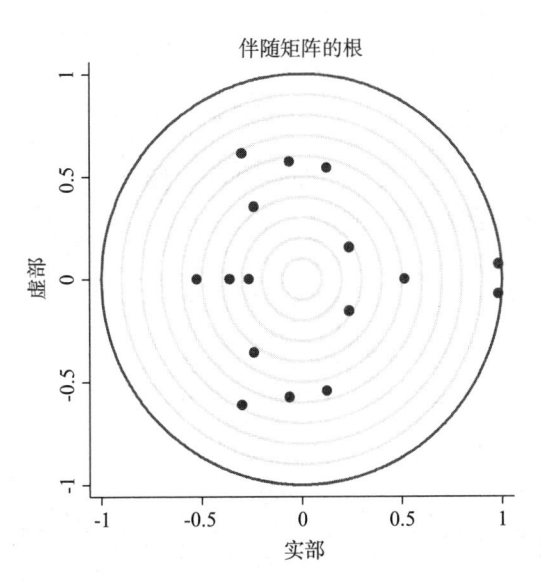

图6-8　VAR模型的特征值（LNCPSE3）

由图 6-8 的结果可知，针对碳排放权交易价格长周期子序列构建的 VAR（2）模型的所有特征值均在单位圆内，即所有特征值均小于 1，说明 VAR（2）系统具有平稳性，且系统中大部分变量的变化会对其他变量造成冲击时，这种冲击会逐渐减弱直至消失，但有两个特征值十分逼近单位圆，表明部分变量变化对其他变量造成的冲击具有连续性。

6.4.3 警源冲击效应分析

本部分根据前文构建的 VAR（2）模型，以碳排放权交易价格长周期子序列为响应变量，当分别给碳排放权交易价格、EUA 期货价格、欧洲 ARA 港动力煤价格、布伦特原油价格、上海银行间同业拆放利率、银行间同业拆借加权利率、空气质量指数和网络搜索指数一个外部冲击后，得到响应的正交化脉冲响应图如图 6-9 所示。

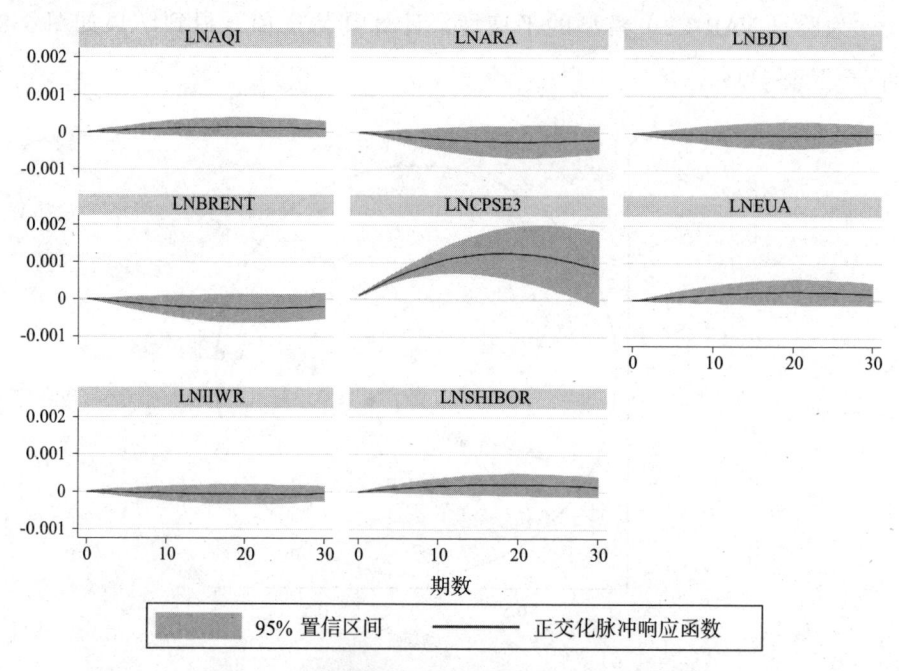

图6-9 VAR模型的脉冲响应图（LNCPSE3）

与前文中的 VAR（4）和 VAR（1）模型不同，VAR（2）模型的脉冲响应函数在滞后 8 期内表现出明显的发散趋势。因此，为准确分析各警源对碳排放权交易价格长周期子序列的冲击效应，本部分脉冲响应函数的滞后阶数设置为滞后 30 期。根据图 6-9 中的脉冲响应函数的走势可知，当各警源受到冲击后，不论对碳排放权交易价格长周期子序列的影响是正是负，该影响均会持续较长时间，说明长期而言各警源对碳排放权交易价格长周期子序列均有显著冲击作用，长周期子序列的警源可能是造成碳排放权交易价格警情的主要原因。

各警源对碳排放权交易价格长周期子序列波动的影响方向和影响程度有所差别。具体而言，碳排放权交易价格长周期子序列受其自身历史信息冲击最大，且为正向影响，先逐渐增加，在滞后 15 期达到最大，然后冲击作用慢慢消失。能源价格警源方面，当分别给欧洲 ARA 港动力煤价格和布伦特原油价格一个标准差的正向冲击时，碳排放权交易价格长周期子序列均先表现为下降，且均在滞后 20 期降到最低，后呈现回升态势，且欧洲 ARA 港动力煤价格对碳排放权交易价格长周期子序列的负向冲击比布伦特原油价格的负向冲击更强烈。国际碳资产警源方面，当 EUA 期货价格受到一个标准差的正向冲击时，碳排放权交易价格长周期子序列先出现持续上涨，在滞后 20 期达到波峰后逐渐回落，这可能是 EUA 期货价格对碳排放权交易价格具有长期拉动效果的作用路径。宏观经济政策警源方面，当上海银行间同业拆放利率受到一个标准差的正向冲击时，对碳排放权交易价格长周期子序列主要表现出负面影响，而对银行间同业拆借加权利率施加一个标准差的正向冲击时，将对碳排放权交易价格长周期子序列主要产生正向作用。天气警源方面，当空气质量指数受到一个标准差的正向冲击时，碳排放权交易价格会有所升高，但长期来看，其作用稍逊于国际碳资产和宏观经济政策对碳排放权交易价格长周期子序列的冲击效果。网络搜索警源方面，当网络搜索指数受到一个标准差的正向冲击时，会引起碳排放权交易价格长周期子序列下降。

6.4.4 警源冲击差异性分析

为进一步探究警源受到结构冲击时，对碳排放权交易价格长周期子序列变化贡献程度的差异性，本部分针对 VAR（2）模型进行方差分解，得到方差分解结果如图 6-10 以及表 6-13 所示。

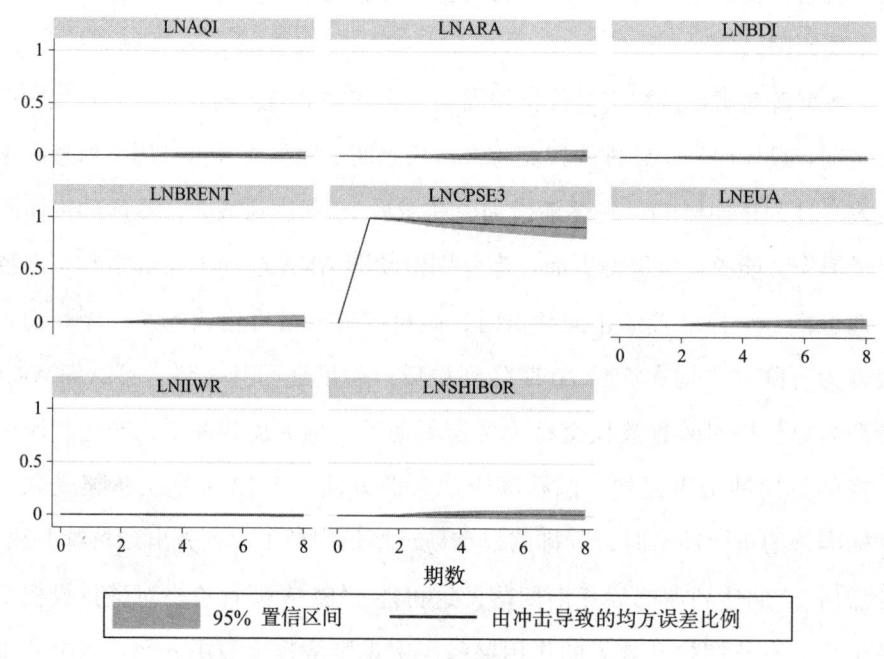

图6-10　VAR模型的方差分解图（LNCPSE3）

图 6-10 的结果表明，网络搜索指数和空气质量指数等非市场因素对碳排放权交易价格长周期子序列变化的贡献度非常微弱，但除网络搜索指数外，其他警源对碳排放权交易价格长周期子序列变化的贡献度均表现为上升趋势，且与前文的结果类似，碳排放权交易价格长周期子序列变化主要受其自身的影响。

表6-13　VAR模型的方差分解结果（LNCPSE3）

脉冲变量	lag1	lag2	lag3	lag4	lag5	lag6	lag7	lag8
LNCPCPSE3	1	0.989 1	0.969 3	0.955 3	0.944 4	0.935 2	0.927 4	0.920 9
LNEUA	0	0.000 6	0.004 1	0.007 2	0.009 8	0.011 9	0.013 7	0.015 3
LNARA	0	0.001 4	0.004 2	0.007 1	0.009 8	0.012 3	0.014 4	0.016 2
LNBRENT	0	0.001 0	0.004 3	0.007 8	0.010 9	0.013 7	0.016 2	0.018 2
LNSHIBOR	0	0.003 2	0.010 3	0.014 0	0.015 8	0.017 0	0.017 9	0.018 6
LNIIWR	0	0.000 1	0.000 6	0.000 7	0.000 8	0.001 0	0.001 1	0.001 3
LNAQI	0	0.001 8	0.004 8	0.005 8	0.006 2	0.006 8	0.007 3	0.007 6
LNBDI	0	0.002 3	0.002 4	0.002 2	0.002 2	0.002 1	0.002 0	0.002 0

结合图 6-10 和表 6-13 可知，各警源对碳排放权交易价格长周期子序列变化的贡献结构为：碳排放权交易价格短周期子序列＞上海银行间同业拆放利率＞布伦特原油价格＞欧洲 ARA 港动力煤价格＞EUA 期货价格＞空气质量指数＞网络搜索指数＞银行间同业拆借加权利率。

碳排放权交易价格长周期子序列在滞后 1 期对其自身变化的贡献程度仍然高达 100%，后表现为持续下降，在滞后 8 期贡献度降至 92.09%，但仍是引起碳排放权交易价格长周期子序列变化最重要的原因。上海银行间同业拆放利率对碳排放权交易价格长周期子序列变化的贡献程度较高，在滞后 2 期的贡献度为 0.32%，后表现为稳定上升，在滞后 8 期提升到 1.86%，超过了其他所有警源的贡献度，尤其是同为宏观经济政策警源的银行间同业拆借加权利率。布伦特原油价格和欧洲 ARA 港动力煤价格在滞后 2 期的贡献度分为 0.1% 和 0.14%，后均表现出持续增加趋势，在滞后 8 期时分别增至 1.82% 和 1.62%。国际碳资产 EUA 期货价格的表现逊于能源价格，其在滞后 2 期的贡献度为 0.06%，后陆续增大，到滞后 8 期为 1.53%。空气质量指数和网络搜索指数两种非市场警源对碳排放权交易价格长周期子序列变化的贡献度基本垫底，在滞后 2 期仅分别为 0.18% 和 0.23%，后空气质量指数的贡献度有所增加，到滞后 8 期为 0.76%，但网络搜索指数的贡献度却一路跌至 0.20%。

6.4.5 警源辨析结果分析

结合碳排放权交易价格长周期子序列的警源冲击效应和警源冲击差异性结果发现，碳排放权交易价格长周期子序列波动最重要的警源仍是其自身，其次分别为能源价格、国际碳资产、宏观经济政策、天气和网络搜索。

首先，碳排放权交易价格长周期子序列波动警源表现出分类效应。综合碳排放权交易价格长周期子序列波动的警源冲击效应和警源冲击差异，发现根据警源冲击效果和强弱，碳排放权交易价格长周期子序列波动警源可分为三类。第一类警源为冲击性最大的碳排放权交易价格长周期子序列本身；第二类警源是能源价格和国际碳资产；第三类警源为宏观经济政策、天气和网络搜索。

其次，警源对碳排放权交易价格长周期子序列的冲击具有持续性。不同于警源对碳排放权交易价格中周期子序列波动的影响呈现出短期性，所有警源对碳排放权交易价格长周期子序列的冲击均延续了数十期才逐渐消失，说明警源对碳排放权交易价格长周期子序列的冲击具有持续性。

最后，警源对碳排放权交易价格长周期子序列波动的影响具有单向性。各警源对碳排放权交易价格长周期子序列的冲击效应表明，当分别给碳排放权交易价格、EUA 期货价格、欧洲 ARA 港动力煤价格、布伦特原油价格、上海银行间同业拆放利率、银行间同业拆借加权利率、空气质量指数和网络搜索指数一个标准差的正向冲击时，对碳排放权交易价格长周期子序列的影响均会使其持续升高或者持续下降，而非表现为正负相间的影响趋势。

6.5 波动警源比较分析

碳排放权交易价格短周期子序列、中周期子序列和长周期子序列是碳排放权交易价格的一组子序列，而碳排放权交易价格是一组原始序列。为进一步挖掘警源对碳排放权交易价格的冲击作用，基于这两组序列，本书将从组内警源比较分析和组间警源比较分析两方面对比各警源对碳排放权交易价格的冲击效果。其中，组内警源比较分析是将前文得到的碳排放权交易价格短周期子序列、中周期子序列和长周期子序列波动警源的辨析结果进行比较，挖掘3种碳排放权交易价格子序列波动警源的异同点，并探究同一警源对不同碳排放权交易价格子序列波动的作用程度。组间警源比较分析是将碳排放权交易价格子序列波动警源与碳排放权交易价格波动警源进行比较。通过组间警源比较分析，厘清碳排放权交易价格子序列波动警源和碳排放权交易价格波动警源之间的联系，进而挖掘各警源造成碳排放权交易价格波动的路径。

6.5.1 组内警源比较分析

组内警源比较分析是将前文得到的碳排放权交易价格短周期子序列、中周期子序列和长周期子序列波动警源的辨析结果进行比较。基于6.2节至6.4节的研究结果，通过对比各警源对碳排放权交易价格短周期、中周期和长周期子序列波动的冲击效应及其差异性发现：

①碳排放权交易价格短周期、中周期和长周期子序列波动均受其自身的冲击和贡献最大。这说明碳排放权交易价格历史数据蕴含了丰富的价格信息，对碳排放权交易价格预警具有重要作用。特别是当碳排放权交易市场趋于成熟后，将对研判碳排放权交易价格警情具有重要参考作用。此外，虽然

目前外部警源对碳排放权交易价格子序列波动的冲击程度均不强，但受全国碳排放权交易价格样本数量限制，警源冲击结果主要体现对碳排放权交易价格子序列波动的贡献结构，但尚不能准确体现各警源的实际贡献程度。

②能源价格、国际碳资产、宏观经济政策、天气以及网络搜索等所有外部警源对碳排放权交易价格子序列波动的影响均具有时滞性。即各警源受到冲击后，在当期对碳排放权交易价格子序列不会造成冲击，而是从滞后1期开始对碳排放权交易价格产生影响。

③3种碳排放权交易价格子序列波动的主要警源有较强的"同质性"。在外部警源中，碳排放权交易价格短周期子序列波动的3个主要警源从强到弱分别是国际碳资产、宏观经济政策和网络搜索；碳排放权交易价格中周期子序列波动的3个主要警源从强到弱分别是国际碳资产、网络搜索和能源价格；碳排放权交易价格长周期子序列波动的3个主要警源从强到弱分别是能源价格、国际碳资产和宏观经济政策等。即国际碳资产是3种碳排放权交易价格子序列波动的主要警源，宏观经济政策是碳排放权交易价格短周期和长周期子序列波动的主要警源，网络搜索是碳排放权交易价格短周期和中周期子序列波动的主要警源，能源价格是碳排放权交易价格中周期和长周期子序列波动的主要警源。由此可见，各碳排放权交易价格子序列波动的主要警源虽不完全一致，但"同质性"较高。

④各警源对3种碳排放权交易价格子序列波动的作用效果不一。能源价格、国际碳资产、宏观经济政策、天气以及网络搜索等外部警源对碳排放权交易价格短周期和长周期子序列波动均表现出持久性影响。而且，对碳排放权交易价格短周期子序列的冲击方向容易出现波动，具有更强的不确定性，而对碳排放权交易价格，中周期子序列的影响表现为短期冲击，最终将收敛于0。具体而言，能源价格警源主要对碳排放权交易价格中周期和长周期子序列波动产生冲击；国际碳资产警源主要影响碳排放权交易价格短周期和中周期子序列波动；宏观经济政策警源主要对碳排放权交易价格短周期子序列波动产生冲击；网络搜索警源主要对碳排放权交易价格中周期子序列波动产

生影响；天气警源对碳排放权交易价格子序列波动的冲击均较弱。由此可见，碳排放权交易价格波动的不同警源通过对碳排放权交易价格的多尺度子序列波动产生影响，从而对碳排放权交易价格波动造成警情。

6.5.2 组间警源比较分析

组间警源比较分析是将碳排放权交易价格子序列波动警源与碳排放权交易价格波动警源进行比较。因此，本部分参考前文碳排放权交易价格子序列波动警源辨析的过程，通过构建 VAR 模型对碳排放权交易价格波动警源进行分析，同时将分析结果与碳排放权交易价格子序列波动警源辨析结果进行对比。

根据前文对碳排放权交易价格波动警源的分析过程，对预处理后的碳排放权交易价格进行平稳性检验，检验结果表明在 1% 的显著性水平下，预处理后的碳排放权交易价格为平稳序列。通过计算信息准则，确定针对碳排放权交易价格的 VAR 模型的最优滞后阶数为 1 阶，从而构建 VAR（1）模型如下：

$$\begin{bmatrix} \text{LNCP}_t \\ \text{LNEUA}_t \\ \text{LNARA}_t \\ \text{LNBRENT}_t \\ \text{LNSHIBOR}_t \\ \text{LNIIWR}_t \\ \text{LNAQI}_t \\ \text{LNBDI}_t \end{bmatrix} = \begin{bmatrix} 0.190\,2 & 0.022\,2 & 0.010\,7 & -0.000\,1 & 0.221\,1 & -0.244\,3 & -0.011\,6 & -0.023\,1 \\ 0.002\,5 & 0.312\,6 & -0.028\,8 & -0.024\,5 & 0.555\,6 & -0.571\,9 & 0.023\,5 & 0.018\,6 \\ 0.110\,7 & 0.046\,6 & 0.195\,3 & 0.616\,5 & 0.216\,5 & -0.134\,5 & -0.011\,6 & -0.040\,9 \\ 0.064\,8 & 0.008\,0 & 0.017\,7 & 0.039\,6 & 0.227\,6 & -0.229\,9 & 0.001\,9 & -0.010\,0 \\ -0.495\,8 & -0.148\,0 & -0.095\,8 & -0.003\,4 & -5.178\,2 & 4.940\,5 & -0.083\,6 & 0.008\,8 \\ -0.441\,6 & -0.140\,3 & -0.121\,0 & 0.007\,2 & -4.626\,5 & 4.362\,2 & -0.077\,6 & 0.006\,8 \\ -1.507\,7 & -1.961\,0 & 0.195\,9 & -0.164\,1 & -2.538\,7 & 2.189\,8 & -0.084\,7 & 0.216\,6 \\ -0.385\,4 & -0.095\,3 & 0.023\,8 & 0.496\,7 & 1.143\,5 & -1.032\,7 & -0.210\,5 & -0.045\,7 \end{bmatrix} \begin{bmatrix} \text{LNCP}_{t-1} \\ \text{LNEUA}_{t-1} \\ \text{LNARA}_{t-1} \\ \text{LNBRENT}_{t-1} \\ \text{LNSHIBOR}_{t-1} \\ \text{LNIIWR}_{t-1} \\ \text{LNAQI}_{t-1} \\ \text{LNBDI}_{t-1} \end{bmatrix}$$

$$+ \begin{bmatrix} -3.77e^{-06} \\ 0.005\,4 \\ 0.000\,3 \\ 0.001\,0 \\ -0.002\,2 \\ -0.001\,9 \\ 0.005\,4 \\ -0.000\,4 \end{bmatrix} \begin{bmatrix} l_{1t} \\ l_{2t} \\ l_{3t} \\ l_{4t} \\ l_{5t} \\ l_{6t} \\ l_{7t} \\ l_{8t} \end{bmatrix} \quad (6\text{-}5)$$

对 VAR（1）模型的系数进行联合显著性检验，发现作为 8 个方程的整体，各系数均通过显著性检验。自相关检验结果表明，在 1% 的显著性水平上，接受残差"无自相关"的原假设，说明本部分构建的 VAR（1）模型是有效的。VAR（1）模型的所有特征值均小于 1，表明该 VAR（1）模型具有平稳性。因此，可利用该模型对碳排放权交易价格波动警源与碳排放权交易价格子序列波动警源开展对比分析。鉴于警源冲击效应能刻画警源变化对碳排放权交易价格的冲击，警源冲击差异性主要解释碳排放权交易价格波动的成因，而组间警源比较分析主要是挖掘各警源造成碳排放权交易价格波动的路径，因此本部分主要从警源冲击效应方面开展比较分析。

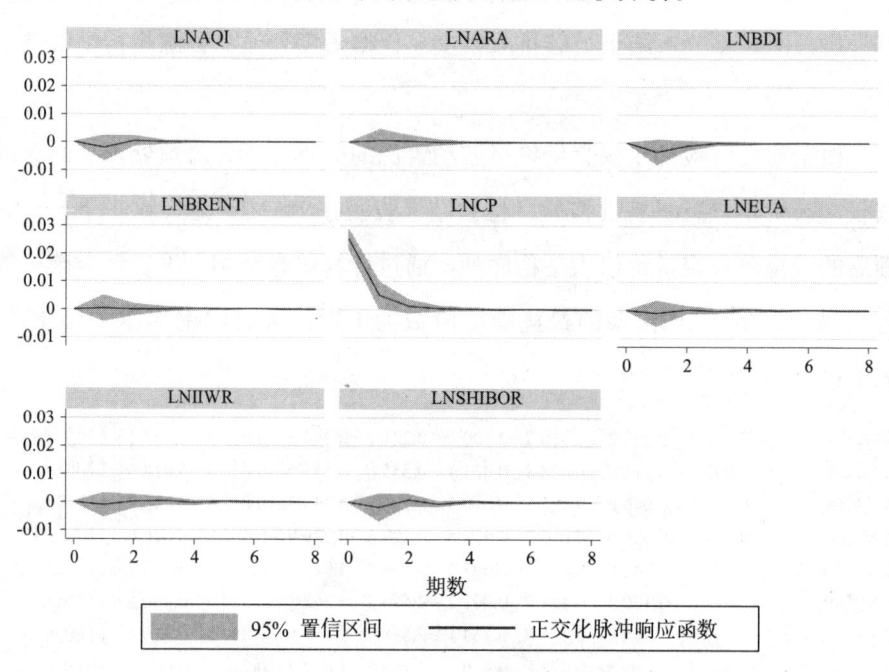

图6-11 VAR模型的脉冲响应图（LNCP）

通过对比图 6-3、图 6-6、图 6-9 和图 6-11 可以发现，碳排放权交易价格波动警源和碳排放权交易价格子序列波动警源的共同点是，二者的警源均分为两个梯队，第一梯队为碳排放权交易价格（子序列）本身，第二梯队为 EUA 期货价格、欧洲 ARA 港动力煤价格、布伦特原油价格、上海银行间同业拆放利率、银行间同业拆借加权利率、空气质量指数和网络搜索指数等外部警源，且碳排放权交易价格（子序列）波动受其自身的影响大于受其他外部警源的影响。当给碳排放权交易价格（子序列）一个冲击时，由于该冲击直接作用在碳排放权交易价格（子序列）身上，故其能对碳排放权交易价格（子序列）产生较大影响。

在外部警源方面，碳排放权交易价格波动警源和碳排放权交易价格子序列波动警源的联系表现为：

①能源价格警源对碳排放权交易价格的冲击主要造成碳排放权交易价格中周期和长周期子序列波动。当分别给欧洲ARA港动力煤价格和布伦特原油价格一个标准差的正向冲击，在当期不会对碳排放权交易价格产生明显的影响，在滞后1期会使得碳排放权交易价格出现小幅度升高，但之后能源价格对碳排放权交易价格主要具有负向作用，这与碳排放权交易价格中周期和长周期子序列较为一致。能源价格升高，长远来看会增加控排企业的碳排放权成本，控排企业为了利益最大化，能源价格升高会刺激控排企业开发绿色生产技术，降低能耗，从而减少碳排放以及对碳排放权的需求，使得碳排放权交易价格出现回落。

②国际碳资产警源对碳排放权交易价格的冲击主要造成碳排放权交易价格短周期和中周期子序列波动。当EUA期货价格受到一个标准差的正向冲击时，碳排放权交易价格在当期不会受其影响，在滞后1期会引起碳排放权交易价格出现小幅下降，但在滞后2期开始会使碳排放权交易价格出现回升。这与碳排放权交易价格短周期和中周期子序列较为类似。国际碳排放权交易市场远远比刚启动的全国碳排放权交易市场成熟，尤其是欧盟排放交易体系，而EUA作为目前全球碳排放权交易市场中最重要的碳资产，EUA价格在碳排放权交易市场中具有"风向标"的引领作用。因此每当EUA价格发生波动时，全国碳排放权交易价格都会出现波动。EUA期货等国际碳资产价格上升，会向碳排放权交易市场传递碳排放权需求增加、供给不足的信息，使得中国碳排放权交易市场出现价格看涨预期，从而刺激中国碳排放权交易市场的需求，使得碳排放权交易价格逐渐上涨。

③宏观经济政策警源对碳排放权交易价格的冲击主要造成碳排放权交易价格短周期和长周期子序列波动。当给上海银行间同业拆放利率和银行间同业拆借加权利率一个标准差的正向冲击时，碳排放权交易价格在滞后1期均会出现回落，但自滞后2期开始，碳排放权交易价格逐渐回温，即上海银行间同业拆放利率和银行间同业拆借加权利率等宏观经济政策虽然短期会引起碳排放权交易价格回落，但总体会使得碳排放权交易价格上升。这与碳排放权交易价格短周期和长周期子序列较为类似。当上海银行间同业拆放利率和银行间同业拆借加权利率上调，控排企业可贷资金收紧，导致控排企业开发减排技术出现资金短缺，绿色生产力度难以提升，从而对碳排放权的需求长期保持旺盛，使得碳排放权交易市场供不应求，致使碳排放权交易价格上升。

④天气警源对碳排放权交易价格的冲击主要造成碳排放权交易价格中周期和长周期子序列波动。当给空气质量指数一个标准差的正向冲击时，会引起碳排放权交易价格出现下跌，不过下跌幅度较小，且这种负向影响很快会消失。这与碳排放权交易价格中周期和长周期子序列较为类似。空气质量变好，说明环境得到改善，低碳经济卓有成效，社会生活生产实现节能减排，故在一定程度上降低了市场对碳排放权的需求，从而使得碳排放权交易价格出现回落。

⑤网络搜索警源对碳排放权交易价格的冲击主要造成碳排放权交易价格短周期子序列波动。当给网络搜索指数一个标准差的正向冲击时，碳排放权交易价格在当期仍不受其影响，自滞后1期开始连续出现回落，说明网络搜索指数对碳排放权交易价格具有负面影响。这与碳排放权交易价格短周期子序列较为类似。"好事不出门，坏事传千里"，前景理论表明人们对损失比对获得更为敏感，说明投资者对碳排放权的负面报道比对正面报道的关注度更高，因此，当网络搜索指数攀升时，常常向碳排放权交易市场传递更多的利空消息，从而使得碳排放权交易价格出现下降。

6.6 本章小结

本章为了辨析考虑多尺度特征情况下碳排放权交易价格波动警源，基于前文碳排放权交易价格波动警源辨析的理论框架，结合碳排放权交易价格子序列特征，分别针对碳排放权交易价格短周期子序列、碳排放权交易价格中周期子序列和碳排放权交易价格长周期子序列，构建了相应的向量自回归模型，从警源冲击效应和警源冲击差异性两方面，辨析了各警源对碳排放权交易价格子序列的冲击作用，从而明确了碳排放权交易价格子序列波动警源的冲击结构。而后，从组内警源比较角度，对比分析了各碳排放权交易价格子序列间警源的差异性；从组间警源比较角度，探究了碳排放权交易价格子序列波动警源与碳排放权交易价格波动警源的区别与联系。研究结果发现：

（1）碳排放权交易价格子序列受其自身的滞后影响最大，碳排放权交易价格波动警源中最重要的是其自身内部警源。碳排放权交易价格中周期子序列和长周期子序列对其自身变化的贡献率保持在90%左右，碳排放权交易价格短周期子序列对其自身变化的贡献率也不低于60%。可见，所有警源冲击中，碳排放权交易价格子序列受其自身的滞后影响最大。目前，对碳排放权交易价格警情的判断主要依赖于碳排放权交易价格自身的历史表现，碳排放权交易价格波动警源中最重要的是其自身内部警源。这同时也验证了本书利用碳排放权交易价格时间序列，构建两阶段神经网络优化模型，对碳排放权交易价格未来趋势进行预测的合理性，以及为根据历史信息对碳排放权交易价格未来警情做出预判提供了依据。

（2）就碳排放权交易价格短周期子序列而言，其警源冲击程度由强到弱分别为国际碳资产＞宏观经济政策＞网络搜索＞能源价格＞天气。各警源对碳排放权交易价格短周期子序列波动的冲击均不具有单向持续性，且国际碳资产以及宏观经济政策等部分警源对碳排放权交易价格短周期子序列的冲击表现出持续影响。

（3）就碳排放权交易价格中周期子序列而言，其警源冲击程度由强到弱分别为国际碳资产＞网络搜索＞能源价格＞宏观经济政策＞天气。各警源对碳排放权交易价格中周期子序列的冲击均具有滞后性，但所有警源对碳排放权交易价格中周期子序列的冲击均表现为在滞后 4 期趋于 0，冲击作用不具有持续性。此外，国际碳资产、网络搜索和能源价格是碳排放权交易价格短周期子序列波动的关键警源。特别是国际碳资产对碳排放权交易价格中周期子序列变化的贡献断层领先，可见应重视国际碳资产价格波动对碳排放权交易价格中周期子序列的影响。

（4）就碳排放权交易价格长周期子序列而言，其警源冲击程度由强到弱分别为能源价格＞国际碳资产＞宏观经济政策＞天气＞网络搜索。警源对碳排放权交易价格长周期子序列的冲击具有单向性，且冲击作用均延续了数十期才逐渐消失，说明警源对碳排放权交易价格长周期子序列的冲击具有持续性。而且，碳排放权交易价格长周期子序列波动警源表现出分类效应，能源价格和国际碳资产的冲击作用明显强于宏观经济政策、天气和网络搜索。

（5）就碳排放权交易价格而言，能源价格、国际碳资产、宏观经济政策、天气以及网络搜索等警源对碳排放权交易价格均具有显著冲击作用。其中，网络搜索指数对碳排放权交易价格造成冲击最快，从网络搜索热点着手，掌握碳排放权交易市场情绪变化情况，是防范和应对碳排放权交易价格波动的有力方式。宏观经济政策对碳排放权交易价格变化的冲击大于能源价格和国际碳资产等市场化影响因素的冲击，中国社会主义市场经济体制下，宏观经济政策表现出强有力的调控作用。因此，宏观经济政策是未来应对中国碳排放权交易价格警情的重要手段和工具。此外，提前关注空气质量、温度等天气预报，及时了解能源和碳资产等相关金融市场的重大事件，能有效预判碳排放权交易价格的变动情况。

第7章 碳排放权交易价格预警系统设计

由于黑色预警能预判碳排放权交易价格中长期警情状态,但不能解释造成警情的原因,而黄色预警能识别造成警情的诱因,但主要预判碳排放权交易价格的短期警情状态,因此,本章将根据第 5 章的碳排放权交易价格预测结果和第 6 章的碳排放权交易价格波动警源辨析结果,对碳排放权交易价格同时开展黑色预警和黄色预警研究,使黑色预警和黄色预警结果互相补充,并根据预警结果设计碳排放权交易价格有效预警的保障策略。首先,基于第 5 章对碳排放权交易价格的预测结果,采用黑色预警法判别碳排放权交易价格的中长期整体警情状态。其次,考虑到黑色预警只能给出预警结果,不能识别警情发生的深层原因,再根据第 6 章挖掘的各类警源对碳排放权交易价格的冲击效果,开展碳排放权交易价格黄色预警研究,以期识别造成碳排放权交易价格警情的诱因。

7.1 基于预测结果的黑色预警

碳排放权交易价格预测与预警分析框架中的预警模块表明,碳排放权交易价格黑色预警的逻辑过程首先是明确警义,确定预警对象、警情指标以及划分警限和警度;其次是剖析警情并预报警度,根据警情指标的历史变化规律,构建预警模型预报警度。本节将基于第 5 章的碳排放权交易价格预测结果,从黑色预警警情指标选择、警限与警度设置以及预警结果分析 3 个方面开展碳排放权交易价格黑色预警研究。

7.1.1 黑色预警警情指标选择

碳排放权交易价格黑色预警以碳排放权交易价格为预警对象，因此要求警情指标具有反映碳排放权交易价格波动程度的能力。由于波动率是衡量金融资产价格风险的有效指标（龚旭，2017），所以本部分选择碳排放权交易价格波动率作为碳排放权交易价格黑色预警警情指标。根据公式（6-1）得到碳排放权交易价格波动率如图7-1所示。

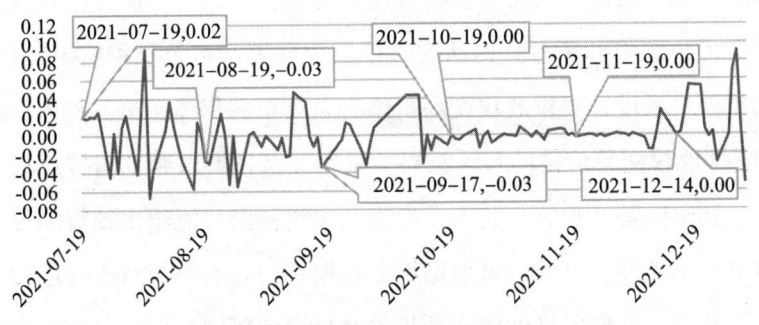

图7-1 碳排放权交易价格波动率

图 7-1 表明，从总体表现来看，碳排放权交易价格波动率虽然在 2021 年 8 月初和 2021 年 12 月底发生了两次较为剧烈的波动，但是整体状态较为平稳，总体波动幅度基本保持在 ±0.6 内。从时间趋势来看，2021 年 7 月—9 月碳排放权交易价格波动程度相对较强，进入 2021 年 10 月后，连续近两月保持相对平稳状态，但进入 2021 年年尾，其波动幅度明显变强，表明 2022 年年初碳排放权交易价格波动率可能持续表现出相对较强的振动。

7.1.2 黑色预警警限与警度设置

预警的目的是确定警度,警度是判别是否出现警情以及警情程度的依据,确定警度的关键在于划分警限。警限是区分是否有警情以及不同警度的阈值,警限划分主要有主观和客观两种方法。主观方法主要根据历史现象、现实表现以及专家意见等信息确定警限,而客观方法则主要通过全面考察系统的运行规律,或者根据客观数据,利用统计原则确定警限。主观方法能全面考虑各种警源的影响,做出综合预警判断,但难以形成一致的预警标准;客观方法能反映现实表现的客观属性,降低主观经验干扰,但难以考虑评判体系之外因素的影响。主观方法和客观方法各有千秋,二者能解决不同的预警问题。

碳排放权交易属于市场化行为,碳排放权交易价格反映市场供需关系,即碳排放权交易价格持续上涨则表明市场供不应求,而价格接连下跌则反映出市场中供过于求。碳排放权交易价格过高,则会拉升控排企业减排成本,控排企业减排压力收紧,生产动力不足,导致出现经济损失;碳排放权交易价格接连下降则说明市场中碳排放权供给充盈,控排企业碳排放配额较为充分,控排企业减排动力不足,市场减排作用失效。因此,均衡的碳排放权交易价格不仅能降低经济损失,而且更能发挥碳排放权交易市场的减排效用。但均衡的碳排放权交易价格并非固定的,而是允许在合理的价格区间波动。若碳排放权交易价格长期无波动,碳排放权交易市场出现连续无交易,市场表现低迷,则说明市场需求不足,控排企业减排压力小,碳排放权交易市场依旧难以发挥市场的减排功能。碳排放权交易价格是市场的客观信息,其蕴含着市场的客观属性,而确定市场表现低迷需利用主观方法解决。因此,本书综合客观方法和主观方法,运用客观方法解决碳排放权交易价格合理波动区间的设置问题,利用主观方法处理市场表现低迷的识别问题,从而力求设置更为合理的碳排放权交易价格预警警限，实现对碳排放权交易价格的科学预警。

在确定警限的客观方法中，使用较为广泛的是3δ法（傅强 等，2011a）。因此，本书参考傅强和张小波（2011b）、沈悦和张澄（2015）等研究，首先选择3δ法作为确定警限的基础方法；然后，参考碳排放权交易试点市场的建设经验，利用主观方法识别碳排放权交易市场表现是否低迷，并借助示性函数反映市场低迷状态，再利用示性函数改进3δ法，构建示性3δ法，确定碳排放权交易价格黑色预警警限。示性3δ法内容如下。

首先，根据3δ法，对于时间序列 $\{y_t | t=1,2,\cdots,N\}$，μ 和 δ 分别为该时间序列的均值和方差，则 $[\mu-3\delta,\mu+3\delta]$ 区间中包含了该时间序列的大部分风险值。若警情指标为双侧指标，则当 y_t 位于 $(\mu-\delta,\mu+\delta)$ 区间时，表示无警情；当 y_t 位于 $(\mu-2\delta,\mu-\delta]$ 或 $[\mu+\delta,\mu+2\delta)$ 区间时，表示轻度警情；当 y_t 位于 $(\mu-3\delta,\mu-2\delta]$ 或 $[\mu+2\delta,\mu+3\delta)$ 区间时，表示中度警情；当 y_t 位于 $(-\infty,\mu-3\delta]$ 或 $[\mu+3\delta,+\infty)$ 区间时，表示重度警情。若警情指标为单侧指标，则当 y_t 位于 $(\mu-\delta,+\infty)$（或 $(-\infty,\mu+\delta)$）区间时，表示无警情；当 y_t 位于 $(\mu-2\delta,\mu-\delta]$（或 $[\mu+\delta,\mu+2\delta)$）区间时，表示轻度警情；当 y_t 位于 $(\mu-3\delta,\mu-2\delta]$（或 $[\mu+2\delta,\mu+3\delta)$）区间时，表示中度警情；$y_t$ 位于 $(-\infty,\mu-3\delta]$（或 $[\mu+3\delta,+\infty)$）区间时，表示重度警情。因此，双侧警情指标的警限和警度的设置依据为

$$JD = \begin{cases} 无警情, \mu-\delta < y_t < \mu+\delta \\ 轻度警情, \mu-2\delta < y_t \leq \mu-\delta 或 \mu+\delta \leq y_t < \mu+2\delta \\ 中度警情, \mu-3\delta < y_t \leq \mu-2\delta 或 \mu+2\delta \leq y_t < \mu+3\delta \\ 重度警情, y_t \leq \mu-3\delta 或 \mu+3\delta \leq y_t \end{cases} \quad (7\text{-}1)$$

其中，JD代表警度。相应地，单侧警情指标的警限和警度的设置依据为

$$\mathrm{JD} = \begin{cases} 无警情, & \mu - \delta < y_t \\ 轻度警情, & \mu - 2\delta < y_t \leq \mu - \delta \\ 中度警情, & \mu - 3\delta < y_t \leq \mu - 2\delta \\ 重度警情, & y_t \leq \mu - 3\delta \end{cases} \quad (7\text{-}2)$$

或者为

$$\mathrm{JD} = \begin{cases} 无警情, & y_t < \mu + \delta \\ 轻度警情, & \mu + \delta < y_t \leq \mu + 2\delta \\ 中度警情, & \mu + 2\delta < y_t \leq \mu + 3\delta \\ 重度警情, & y_t > \mu + 3\delta \end{cases} \quad (7\text{-}3)$$

其次，鉴于前文发现中国8个碳排放权交易试点市场均出现过市场无交易情况，特别是天津和重庆两个碳排放权交易试点市场活跃度最为低迷，其减排效果大打折扣。为了突破现有预警研究中难以体现市场低迷这一局限，本书在碳排放权交易价格黑色预警中，构建如下示性函数：

$$I_t = \begin{cases} 1, & \sum_{j=0}^{d} |\mathrm{LNCP}_{t-j}| \neq 0 \\ 10\,000, & \sum_{j=0}^{d} |\mathrm{LNCP}_{t-j}| = 0 \end{cases} \quad (7\text{-}4)$$

其中，d为连续无交易日最大天数。当$\sum_{j=0}^{d} |\mathrm{LNCP}_{t-j}| \neq 0$时，说明第$t$天前并未出现连续$d$天无交易，即市场并未表现持续低迷，故示性函数为1，表示碳排放权交易价格为原值；当$\sum_{j=0}^{d} |\mathrm{LNCP}_{t-j}| = 0$时，说明第$t$天前出现连续$d$天无交易，即市场持续表现低迷，此时示性函数取10 000，能保证碳排放权交易价格波动率落入重度警情警限区间。本书参考深圳、北京、广东、上海、天津、湖北、重庆和福建8个试点市场碳排放权交易价格的历史表现，取$d=20$，这也与第6章警源分析结果中警源最大滞后阶数相对应。从而，将示性函数作用于警情指标，即有

$$ILNCP_t = I_t \cdot LNCP_t \qquad (7\text{-}5)$$

其中，ILNCP为考虑市场低迷问题的警情指标。

最后，由于本书的警情指标为双侧指标，因此得到碳排放权交易价格黑色预警警限与警度设置依据如下：

$$JD = \begin{cases} 无警情, \mu-\delta < ILNCP_t < \mu+\delta \\ 轻度警情, \mu-2\delta < ILNCP_t \leqslant \mu-\delta 或 \mu+\delta \leqslant ILNCP_t < \mu+2\delta \\ 中度警情, \mu-3\delta < ILNCP_t \leqslant \mu-2\delta 或 \mu+2\delta \leqslant ILNCP_t < \mu+3\delta \\ 重度警情, ILNCP_t \leqslant \mu-3\delta 或 \mu+3\delta \leqslant ILNCP_t \end{cases} \qquad (7\text{-}6)$$

因此，根据示性3δ法，得到碳排放权交易价格波动率的均值为 0.000 4，标准差为 0.079 5。从而得到各警度对应的区间为：无警情区间：(-0.079 1, 0.079 9)；轻度警情区间：(-0.158 6, -0.079 1]和[0.079 9, 0.159 4)；中度警情区间：(-0.238 1, -0.158 6]和[0.159 4, 0.238 9)；重度警情区间：(-∞, -0.238 1]和[0.238 9, +∞)。交通信号灯的绿灯、蓝灯、黄灯和红灯能形象地表示无警情、轻度警情、中度警情和重度警情（朱文蔚等，2015）。因此，本书参考交通信号灯的确定方式，设置碳排放权交易价格黑色预警信号灯状态，对碳排放权交易价格黑色预警进行可视化表达，从而得到黑色预警警度的可视化状态，如表 7-1 所示。

表7-1 黑色预警警度可视化信号灯

警度	警度区间	信号灯	状态描述
无警情	(-0.079 1, 0.079 9)	绿灯	价格波动稳定，市场相对均衡
轻度警情	(-0.158 6, -0.079 1]，[0.079 9, 0.159 4)	蓝灯	价格波动较为稳定，市场较冷（热）
中度警情	(-0.238 1, -0.158 6]，[0.159 4, 0.238 9)	黄灯	价格波动较为剧烈，市场偏冷（热）
重度警情	(-∞, -0.238 1]，[0.238 9, +∞)	红灯	价格波动剧烈，市场过冷（热）

根据表 7-1，绿灯表示碳排放权交易价格波动稳定，碳排放权交易市场相对均衡；蓝灯表示碳排放权交易价格波动较为稳定，碳排放权交易市场较冷或较热；黄灯表示碳排放权交易价格波动较为剧烈，碳排放权交易市场偏冷或偏热；红灯表示碳排放权交易价格波动剧烈，碳排放权交易市场过冷或过热。

7.1.3　黑色预警结果分析

碳排放权交易价格预警不仅能对碳排放权交易价格未来的警情进行预判，而且能判定碳排放权交易价格的历史警情状态，从而挖掘碳排放权交易价格的警情现状。根据前文设置的碳排放权交易价格黑色预警警限、警度以及可视化信号灯，判定碳排放权交易价格 2021 年 7 月 16 日—2021 年 12 月 31 日的警情，并据此编制碳排放权交易价格黑色警情日历。由于全国碳排放权交易市场于 2021 年 7 月 16 日正式开市，其第二个交易日是 2021 年 7 月 19 日，即碳排放权交易价格波动率的起始时间为 2021 年 7 月 19 日，而碳排放权交易价格黑色预警的警情指标为碳排放权交易价格波动率，所以，碳排放权交易价格黑色预警日历自 2021 年 7 月 19 日开始（见表 7-2）。

表7-2 碳排放权交易价格黑色警情日历（2021年）

月份	周日	周一	周二	周三	周四	周五	周六	月份	周日	周一	周二	周三	周四	周五	周六
7月					1	2	3	10月						1 ●	2
	4	5	6	7	8	9	10		3 ●	4 ●	5 ●	6 ●	7 ●	8 ●	9 ●
	11	12	13	14	15	16	17		10 ●	11 ●	12 ●	13 ●	14 ●	15 ●	16 ●
	18 ●	19 ●	20 ●	21 ●	22 ●	23 ●	24 ●		17 ●	18 ●	19 ●	20 ●	21 ●	22 ●	23 ●
	25 ●	26 ●	27 ●	28 ●	29 ●	30 ●	31 ●		24 ●	25 ●	26 ●	27 ●	28 ●	29 ●	30 ●
									31 ●						
8月	1 ●	2 ●	3 ●	4 ●	5 ●	6 ●	7 ●	11月		1 ●	2 ●	3 ●	4 ●	5 ●	6 ●
	8 ●	9 ●	10 ●	11 ●	12 ●	13 ●	14 ●		7 ●	8 ●	9 ●	10 ●	11 ●	12 ●	13 ●
	15 ●	16 ●	17 ●	18 ●	19 ●	20 ●	21 ●		14 ●	15 ●	16 ●	17 ●	18 ●	19 ●	20 ●
	22 ●	23 ●	24 ●	25 ●	26 ●	27 ●	28 ●		21 ●	22 ●	23 ●	24 ●	25 ●	26 ●	27 ●
	29 ●	30 ●	31 ●						28 ●	29 ●	30 ●				
9月				1	2	3	4 ●	12月				1 ●	2	3	4 ●
	5 ●	6 ●	7	8 ●	9 ●	10 ●	11 ●		5 ●	6 ●	7 ●	8 ●	9 ●	10 ●	11 ●
	12 ●	13 ●	14 ●	15 ●	16 ●	17 ●	18 ●		12 ●	13 ●	14 ●	15 ●	16 ●	17 ●	18 ●
	19 ●	20 ●	21 ●	22 ●	23 ●	24 ●	25 ●		19 ●	20 ●	21 ●	22 ●	23 ●	24 ●	25 ●
	26 ●	27 ●	28 ●	29 ●	30 ●				26 ●	27 ●	28 ●	29	30 ●	31 ●	

注：●为无警情；●为轻度警情；●为中度警情；●为重度警情；●为非交易日。

通过表 7-2 的黑色预警日历可以发现，2021 年碳排放权交易价格仅有 2021 年 8 月 4 日和 2021 年 12 月 29 日出现轻度警情，其余交易日均无警情，这说明碳排放权交易价格波动稳定，全国碳排放权交易市场在运行初期状态较为良好，市场较为均衡。全国碳排放权交易市场虽然运行时间尚短，但是国际碳排放权交易市场自 2005 年开始出现，至今已运行 17 年，且中国自 2013 年开始运行碳排放权交易试点市场，也已累计近 10 年的碳排放权交易经验。国内外关于碳排放权交易的丰富经验，为全国碳排放权交易市场的建设提供了有益借鉴，这为碳排放权交易市场初期的良好表现奠定了重要基础。而且，建设全国碳排放权交易市场是助力中国实现"碳达峰"和"碳中和"目标的重要举措和核心政策之一，全国碳排放权交易市场的运行体现了中国践行节能减排、发展低碳经济的决心，向市场传递了加快企业转型升级、优化产业结构、推动绿色循环经济发展将成为未来主旋律。因此，得益于全国碳排放权交易市场前期充足的准备工作，以及市场对未来的良好预期等因素，全国碳排放权交易市场在运行初期表现良好，碳排放权交易价格波动稳定。

为了进一步探究碳排放权交易价格未来警情的总体趋势，本部分根据第 5 章对碳排放权交易价格的外推预测结果，编制了 2022 年 1 月和 2022 年 4 月碳排放权交易价格的黑色警情日历（见表 7-3）。

表7-3 碳排放权交易价格黑色警情日历（2022年）

月份	周日	周一	周二	周三	周四	周五	周六	月份	周日	周一	周二	周三	周四	周五	周六
1月							1 ●	3月			1 ●	2 ●	3 ●	4 ●	5 ●
	2 ●	3 ●	4 ●	5 ●	6 ●	7 ●	8 ●		6 ●	7 ●	8 ●	9 ●	10 ●	11 ●	12 ●
	9 ●	10 ●	11 ●	12 ●	13 ●	14 ●	15 ●		13 ●	14 ●	15 ●	16 ●	17 ●	18 ●	19 ●
	16 ●	17 ●	18 ●	19 ●	20 ●	21 ●	22 ●		20 ●	21 ●	22 ●	23 ●	24 ●	25 ●	26 ●
	23 ●	24 ●	25 ●	26 ●	27 ●	28 ●	29 ●		27 ●	28 ●	29 ●	30 ●	31 ●		
	30 ●	31 ●													
2月			1 ●	2 ●	3 ●	4 ●	5 ●	4月						1 ●	2 ●
	6 ●	7 ●	8 ●	9 ●	10 ●	11 ●	12 ●		3 ●	4 ●	5 ●	6 ●	7 ●	8 ●	9 ●
	13 ●	14 ●	15 ●	16 ●	17 ●	18 ●	19 ●		10 ●	11 ●	12 ●	13 ●	14 ●	15 ●	16 ●
	20 ●	21 ●	22 ●	23 ●	24 ●	25 ●	26 ●		17 ●	18 ●	19 ●	20 ●	21 ●	22 ●	23 ●
	27 ●	28 ●							24 ●	25 ●	26 ●	27 ●	28 ●	29 ●	30 ●

注：●为无警情；●为轻度警情；●为中度警情；●为重度警情；●为非交易日。

预警是社会需要，也是人类本性（顾海兵，1997）。预警是根据历史表现总结规律得到的未来可能性表现，预警结果必然与实际表现有一定出入，但是能反映未来警情的主要趋势。通过对比表7-2和表7-3发现，2022年1月—2022年4月轻度警情、中度警情和重度警情明显增多。这说明2022年前4月的警情明显较2021年更为严重，碳排放权交易市场的波动更为剧烈，且更为频繁，这不仅与图7-1反映的时间趋势较为一致，而且与8个碳排放权交易试点市场的建设经验也较为贴合。中国碳排放权交易市场尚未进入成熟阶段，虽有 8 年的碳排放权交易试点市场发展经验，但从区域性的试点市场，到全国性的交易市场，相关经验不能完全"照搬"。而且随着外部警源冲击的持续影响，全国碳排放权交易市场短板暴露，其碳排放权交易价格波动必然更为剧烈且更为频繁。因此，应当进一步找出造成碳排放权交易价格出现异常波动，导致碳排放权交易价格警情加剧的主要原因。

7.2 基于警源辨析结果的黄色预警

7.1 节中，碳排放权交易价格的黑色预警基于第 5 章碳排放权交易价格的外推预测值开展预警研究，由于第 5 章对碳排放权交易价格的预测结果较为准确，且相比于多因素预测，第 5 章的时间序列预测的外推预测期更长、更灵活，因此基于碳排放权交易价格时间序列预测结果，开展的黑色预警能反映碳排放权交易价格中长期的警情状态。但黑色预警仅考虑了碳排放权交易价格时间序列的变化规律，没有考虑警兆指标的影响。黑色预警只能得到预警结果，不能进一步挖掘碳排放权交易价格警情发生的诱因。因此黑色预警结果对碳排放权供求双方参与碳排放权交易都具有一定的参考价值，但是对政府干预市场警情的指导意义却较为有限。黄色预警虽难以实现中长期预警，但能挖掘致警诱因，故本部分将引入警兆指标，开展碳排放权交易价格黄色预警研究，以期识别造成碳排放权交易价格警情的诱因，进而与黑色预警结果相互补充。本节基于第 6 章碳排放权交易价格波动警源辨析结果，根据第 3 章中碳排放权交易价格黄色预警的逻辑过程，从黄色预警指标选取、预警模型选择以及预警结果分析 3 方面开展碳排放权交易价格黄色预警研究。

7.2.1 黄色预警指标选取

碳排放权交易价格黄色预警根据警兆指标的表现预判警情，因此不同于黑色预警仅需选择警情指标，黄色预警在此基础上还需确定警兆指标。

7.2.1.1 警情指标

根据第 6 章的警源分析结果可知，能源价格、国际碳资产、宏观经济政策、天气以及网络搜索等各类警源对碳排放权交易价格的影响均在滞后 1 期最大，且在短期内该种影响均会逐渐消失。若以碳排放权交易价格作为黄色预警的对象，则仅能对碳排放权交易价格进行滞后几期的短期预警，预警结果对碳排放权交易价格波动风险管理的指导作用十分有限。此外，各类警源对碳排放权交易价格中周期子序列的影响也局限在短期内，长期冲击则非常微弱，而短周期子序列主要表征碳排放权交易价格受到冲击后的在短期内的表现。因此，以碳排放权交易价格、碳排放权交易价格短周期子序列和中周期子序列作为碳排放权交易价格黄色预警的对象均不太理想。相反，第 4 章和第 6 章的研究结果表明，碳排放权交易价格长周期子序列不仅能表征碳排放权交易价格的长期变化趋势，而且各类警源对碳排放权交易价格长周期子序列的冲击作用具有较长的持续性。以碳排放权交易价格长周期子序列作为黄色预警的对象，不仅能表征碳排放权交易价格长期均衡态势，而且能实现对碳排放权交易价格的较长期预警，因此，考虑到警源对碳排放权交易价格的影响程度，以及各子序列对碳排放权交易价格的表征强弱，本部分将以碳排放权交易价格长周期子序列为黄色预警对象。相应地，参考 7.1 节中黑色预警警情指标的选择依据，本部分以第 6 章中的碳排放权交易价格长周期子序列波动率为警情指标。

7.2.1.2 警兆指标

警兆指标是预判警情的先兆指标（顾海兵，1997），警兆指标的选取是黄色预警过程中的关键环节（崔明，2018），其合理性关系到预警结果的有效性和准确性。警兆指标是能够反映真实状况的影响因子（侯英杰、张立杰，2019），要具有代表性、独立性和整体性。

第 6 章中发现根据警源对碳排放权交易价格的冲击程度，碳排放权交易价格长周期子序列的警源可分为三类。第一类为冲击最为剧烈的碳排放权交易价格长周期子序列本身。第二类为冲击较为明显的能源价格和国际碳资产，即 EUA（European Union Allowance）期货价格、欧洲 ARA（Amsterdam、Rotterdam、Antwerp）港动力煤价格和布伦特原油价格。第三类为冲击最弱的宏观经济政策、天气和网络搜索，即上海银行间同业拆放利率、银行间同业拆借加权利率、空气质量指数和网络搜索指数。碳排放权交易价格长周期子序列对其自身的冲击程度最为剧烈，而且对其自身变化的贡献率保持在 90% 以上。因此，本书将第一类警源碳排放权交易价格长周期子序列作为警兆指标之一。第二类的 EUA 期货价格、欧洲 ARA 港动力煤价格和布伦特原油价格 3 个警源对碳排放权交易价格长周期子序列的影响程度虽不及第一类警源，但这 3 个警源是对碳排放权交易价格长周期子序列冲击最剧烈的外在因素，即除碳排放权交易价格长周期子序列自身外，这 3 个因素是最有可能造成碳排放权交易价格警情的诱因。因此，本书亦将 EUA 期货价格、欧洲 ARA 港动力煤价格和布伦特原油价格作为警兆指标。第 6 章的研究结果表明上海银行间同业拆放利率、银行间同业拆借加权利率、空气质量指数和网络搜索指数等警源对碳排放权交易价格具有一定影响。但这 3 个警源对碳排放权交易价格长周期子序列的影响非常微弱，碳排放权交易价格长周期子序列的周期长达两个月，而目前全国碳排放权交易市场运行时间尚短，不利于挖掘宏观经济政策、天气和网络搜索等警源对碳排放权交易价格长周期子序列的真实影响。因此，考虑到警兆指标的应具有代表性，本书暂不考虑将上海银行间同业拆放利率、银行间同业拆借加权利率、空气质量指数和网络搜索指数等第三类警源纳入警兆指标。综上，本书选取碳排放权交易价格长周期子序列的第一类警源和第二类警源作为警兆指标，即碳排放权交易价格黄色预警的警兆指标为碳排放权交易价格长周期子序列、EUA 期货价格、欧洲 ARA 港动力煤价格和布伦特原油价格。

7.2.2　黄色预警模型选择

从前文的文献综述可以发现，黄色预警模型中常用的预警模型包括计量回归模型、景气指数模型和人工智能模型等。计量回归模型基于警情指标和警兆指标之间的因果关系，并结合相关统计检验，确定预警结果，比如 Logistic 模型（邓晶 等，2013）、时变概率的马尔科夫区制转换模型（time varying transition probabilities for markov regime switching model，MS-TVTP）（杨丹丹 等，2021）、分位数回归模型（刘成立 等，2017）等等。景气指数模型是基于警兆指标编制的反映警情状态的景气指数，景气指数能描述总体的综合性状态，常用于对宏观经济状态进行预警。比如宏观经济景气指数（江红莉 等，2020）、就业景气指数（谌新民，2013）和金融景气指数（周德才，2019）。人工智能模型是以警兆指标为输入变量，以警情指标为输出变量，通过机器学习，拟合出警情指标和警兆指标之间的非线性关系，比如支持向量机模型（李成刚 等，2023）、神经网络模型（郑祖婷 等，2018）。

由于景气指数模型的前提假设较为严苛，要求预警对象具有规律性和周期性，且为了使预警指标能描述预警对象的规律性和周期性，对警情指标和警兆指标的样本跨度要求较严。由于全国碳排放权交易市场运行时间有限，因此本书不太适合采用景气指数模型开展黄色预警研究。第 4 章发现碳排放权交易价格长周期子序列具有明显的非线性，且长周期子序列与警兆指标之间关系复杂，相比于简单的线性关系，二者间更有可能具有非线性关系，或者随时间变化的非线性关系。考虑到计量回归模型在处理非线性问题方面表现出一定的局限性，而人工智能模型对非线性数据的拟合效果更为理想（Zhao et al., 2020）。因此，鉴于碳排放权交易价格长周期子序列的非线性、样本覆盖周期不足等问题，本书选择人工智能模型为黄色预警模型。

在人工智能模型中，BPNN因其较强的容错能力以及非线性映射能力，一直受到学者们的青睐。但BPNN作为弱预测器，在训练过程中难以区分误差较大的训练样本，因此BPNN尚有进一步优化的空间。第5章的预测结果表明，相较于其他基准模型，Adaboost算法优化后得到的AdaboostBPNN模型在处理碳排放权交易问题方面具更好的效果。综上，本书选择AdaboostBPNN模型为预警模型，开展碳排放权交易价格黄色预警研究。

7.2.3 黄色预警结果分析

首先，参考前文黑色预警研究中警限和警度的设置方法，确定碳排放权交易价格黄色预警的警限和警度。根据碳排放权交易价格长周期子序列的样本数据，得到碳排放权交易价格长周期子序列波动率的均值为0.000 4，标准差为0.005 7。从而得到各警度对应的区间为：无警情区间:(-0.005 3, 0.006 1);轻度警情区间:(-0.011 0, -0.005 3]和[0.006 1, 0.011 8);中度警情区间:(-0.016 7, -0.011 0]和[0.011 8, 0.017 5);重度警情区间:(-∞, -0.0167]和[0.0175, +∞)。

其次，由于AdaboostBPNN中不能以文本作为输出变量，本书参考傅强和张小波（2011a）的研究，对黄色预警警度进行量化，即无警情的警度值设置为0.25，轻度警情的警度值设置为0.5，中度警情的警度值设置为0.75，重度警情的警度值设置为1，从而得到黄色预警警度的量化结果，如表7-4所示。

表7-4 黄色预警警度量化结果

警度	警度区间	警度值	状态描述
无警情	(−0.005 3, 0.006 1)	0.25	价格波动稳定，市场相对均衡
轻度警情	(−0.011 0, −0.005 3], [0.006 1, 0.011 8)	0.5	价格波动较为稳定，市场较冷（热）
中度警情	(−0.016 7, −0.011 0], [0.011 8, 0.017 5)	0.75	价格波动较为剧烈，市场偏冷（热）
重度警情	(−∞, −0.016 7], [0.017 5, +∞)	1	价格波动剧烈，市场过冷（热）

根据表 7-4，警度值为 0.25 时，表示碳排放权交易价格波动稳定，碳排放权交易市场相对均衡；警度值为 0.5 时，表示碳排放权交易价格波动较为稳定，碳排放权交易市场较冷或较热；警度值为 0.75 时，表示碳排放权交易价格波动较为剧烈，碳排放权交易市场偏冷或偏热；警度值为 1 时，表示碳排放权交易价格波动剧烈，碳排放权交易市场过冷或过热。

最后，以前文中选择的碳排放权交易价格长周期子序列、EUA 期货价格、欧洲 ARA 港动力煤价格和布伦特原油价格为警兆指标，利用 AdaboostBPNN 模型，判定碳排放权交易价格黄色预警警情。由于警兆指标对警情指标的影响具有滞后性，即警兆指标为先行警兆指标，因此在利用 AdaboostBPNN 模型进行黄色预警之前，需先确定警兆指标的先行期数，从而确定 AdaboostBPNN 模型的输入变量。第 6 章警源分析的结果表明，在考虑多尺度特征的情况下，碳排放权交易价格长周期子序列在滞后 15 期对其自身的冲击最大，EUA 期货价格、欧洲 ARA 港动力煤价格和布伦特原油价格则均在滞后 20 期对碳排放权交易价格长周期子序列的冲击最大，因此碳排放权交易价格长周期子序列、EUA 期货价格、欧洲 ARA 港动力煤价格和布伦特原油价格 4 个警兆指标的先行期分别为 15、20、20、20。考虑到第 6 章警源分析时，由于向量自回归模型要求样本需具有平稳性，均根据公式（6-1）对警源进行了预处理。鉴于本部分是基于第 6 章的结果开展的黄色预警研究，因此警兆指标也依据公式（6-1）先进行预处理，再参考警兆指标的先行期，确定对第 t 年的碳排放权交易价格进行黄色预警时，AdaboostBPNN 模型的输入变量为第（t-15）年的碳排放权交易价格长周期子序列波动率，以及第（t-20）年的 EUA 期货价格波动率、欧洲 ARA 港动力煤价格波动率和布伦特原油价格波动率，输出变量为第 t 年的碳排放权交易价格黄色预警警情。由于 AdaboostBPNN 模型有 4 个输入变量，即神经网络输入层有 4 个神经元，根据 $2n±a$（n 为输入层神经元个数，a 为调节隐含层神经元个数的变量）的隐含层神经元设置原则，并参考相关文献（Zhao et al., 2019），设置隐含层的神经元个数为 10。同时，以正切函数作为输入层和隐含层的传递函数，训练次数设为 500，目标误差为 $1×10^{-12}$，学习速率为 0.01，弱预测器个数为 10，训练集和测试集样本比为 8∶2。通过应用训练集 74 组输入输出向量对 AdaboostBPNN 模型进行反复训练，利用训练好的 AdaboostBPNN 模型对测试集 19 组输入输出向量进行测试，最终得到测试集的预警结果的正确率为 73.68%。由于警兆指标的最小先行期为 15 期，故最多能预判 15 个交易日的黄色预警警情。因此，基于训练好的 AdaboostBPNN 模型，得到测试集和样本外 15 期碳排放权交易价格黄色预警警情，如图 7-2 所示。

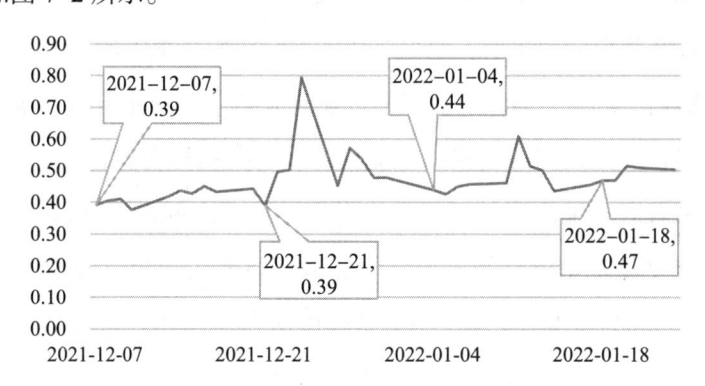

图 7-2 碳排放权交易价格黄色预警警情

图 7-2 中，2021 年 12 月 7 日—2021 年 12 月 31 日为测试集的预警结果，2022 年 1 月 4 日—2022 年 1 月 24 日为样本外 15 期预警结果。图 7-2 的结果表明，整体而言，一方面碳排放权交易价格黄色预警警度值主要分

布于 [0.375，0.625]，说明碳排放权交易价格黄色预警结果整体为轻度警情，碳排放权交易市场无严重警情趋势；另一方面，碳排放权交易价格黄色预警警度值呈现上扬趋势，说明 2022 年初碳排放权交易价格可能表现出更强的波动状态，这与碳排放权交易价格黑色预警的结果一致。通过对比碳排放权交易价格黑色预警结果和黄色预警结果，发现黑色预警警情明显比黄色预警警情严重，说明碳排放权交易价格受各种警源的综合冲击在中短期内可能表现出较强烈的波动，但是不会影响碳排放权交易价格长期的稳定性。

为了进一步探究造成碳排放权交易价格黄色预警警情的诱因，本部分将进一步分析各先行警兆指标对碳排放权交易价格黄色预警结果的影响。AdaboostBPNN 模型描述的是警兆指标和警情之间的非线性关系，不同于计量回归模型能直接通过回归系数反映警兆指标和警情之间的线性关系，AdaboostBPNN 模型的网络结构更为复杂，很难直接得到警兆指标对警情的影响关系。但 AdaboostBPNN 模型通过不断学习和训练，得到了能体现输入向量对输出向量影响关系的输入层神经元和隐含层神经元之间的连接权重 w_1，以及隐含层神经元和输出层神经元之间的连接权重 w_2。由于隐含层神经元受所有警兆指标的作用，隐含层和输出层间的权重不能区分各警兆指标的差异化影响。然而，输入层神经元单独对应某一个警兆指标，输入层神经元和隐含层神经元之间的连接权重能反映各警兆指标对警情的差异化影响。因此，本书着眼于输入层神经元和隐含层神经元之间的连接权重 w_1，以剖析碳排放权交易价格黄色预警警情的诱因。但警兆指标对警情的真实影响方向是通过 AdabostBPNN 模型网络结构中所有神经元之间的相互关系决定的，w_1 不能直接反映警兆指标对警情的影响方向，而是体现各警兆指标对警情的相对影响程度。因此，本书仅从作用程度方面探究警兆指标对警情的影响。

AdabostBPNN 模型中，10 个 BPNN 弱预测器的输入变量碳排放权交易价格长周期子序列、EUA 期货价格、欧洲 ARA 港动力煤价格和布伦特原油价格在输入层神经元和隐含层神经元的平均连接权重分别为(2.487 6,1.224 3,1.208 2,1.208 7,1.103 8,1.310 8,1.669 6,0.921 8,1.241 0,0.751 9)，(1.526 4,1.154 4,0.910 3,0.791 9,1.190 1,0.838 1,1.892 1,0.979 4,1.255 8,0.884 9)，(0.909 7,1.304 8,0.982 0,1.255 6,1.573 1,1.227 5,1.043 5,1.256 8,1.363 8,1.138 5)和(1.434 4,1.017 4,0.890 5,1.119 7,0.016 9,1.089 7,1.129 9,1.074 8,0.881 8,0.795 6)。10个BPNN弱预测器的组合权重为(0.118 6,0.101 7,0.107 8,0.099 1,0.092 0, 0.099 3,0.105 5,0.087 7,0.093 3,0.095 0)。因此，在AdaboostBPNN模型中，碳排放权交易价格长周期子序列、EUA期货价格、欧洲ARA港动力煤价格和布伦特原油价格的整体均值权重为(1.335 0,1.030 2,1.154 6,1.049 0)。从警兆指标对碳排放权交易价格警情的影响程度来看，碳排放权交易价格警情的诱因由强到弱分别为：碳排放权交易价格长周期子序列＞欧洲ARA港动力煤价格＞布伦特原油价格＞EUA期货价格。由此可见，首先，碳排放权交易价格黄色预警警情的最强诱因是碳排放权交易价格的历史表现，即碳排放权交易价格自身的韧性是抵抗警兆指标冲击的关键力量，增强碳排放权交易价格韧性是未来碳排放权交易市场的建设重点。其次，能源价格是造成碳排放权交易价格黄色预警警情的次要冲击，也是造成碳排放权交易价格黄色预警警情最重要的外因。最后，国际碳资产的权重虽最小，但国际碳资产的权重与能源价格的权重相差较小，可见国际碳资产亦是造成碳排放权交易价格黄色预警警情的重要诱因。

7.3　本章小结

本章首先基于第5章预测的碳排放权交易价格未来趋势，从黑色预警角度选取了黑色预警警情指标，设置了黑色预警警限和角度，而后根据警情指标判定了黑色预警结果。其次，为进一步挖掘碳排放权交易价格警情发生的诱因，基于第6章探究的碳排放权交易价格波动警源，从黄色预警角度选择了黄色预警指标，构建了黄色预警模型，从而预判了黄色预警结果，实现了黑色预警与黄色预警互相补充。最后，根据碳排放权交易价格预测、警源辨析和预警结果，设计了碳排放权交易价格有效预警的保障策略。研究结果发现：

（1）碳排放权交易价格黑色预警结果显示，碳排放权交易价格警情呈现加剧趋势，但并不会出现集中爆发重度警情的现象。考虑到现有预警技术难以反映碳排放权交易价格"停滞"频现、活跃度低等隐患，改进了 3δ 法，构建了示性 3δ 法。基于此，得益于全国碳排放权交易市场前期充足的准备工作，以及市场对未来的良好预期等因素，目前碳排放权交易价格波动稳定，全国碳排放权交易市场在运行初期表现良好。但是随着外部警源冲击的持续影响，全国碳排放权交易市场短板暴露，碳排放权交易价格波动更为剧烈且更为频繁。碳排放权交易价格黑色警情日历中，2022 年 1 月—4 月的轻度警情和中度警情较 2021 年更为频繁，碳排放权交易价格警情呈现加剧趋势。但重度警情仅有 3 次，且非常分散，可见不会出现集中爆发重度警情的现象，碳排放权交易价格整体警情状态较为安全。

（2）碳排放权交易价格黄色预警结果显示，碳排放权交易价格警情诱因由强到弱分别为：碳排放权交易价格＞欧洲 ARA 港动力煤价格＞布伦特原油价格＞EUA 期货价格。碳排放权交易价格警情的最强诱因是碳排放权交易价格的历史表现，其权重高达 1.335 0。因此，碳排放权交易价格自身的韧性是抵抗警兆指标冲击的关键力量，增强碳排放权交易价格的韧性是未来碳排放权交易市场的建设重点。此外，欧洲 ARA 港动力煤价格、布伦特原油价格和 EUA 期货价格是碳排放权交易价格警情最重要的三大外部诱因，其权重分别为 1.154 6、1.049 0 和 1.030 2。

（3）碳排放权交易价格警情诱因结果显示，要多措并举增强碳排放权交易价格自身的韧性。全国碳排放权交易市场尚不成熟，碳排放权交易价格存在波动剧烈、"停滞"频现、活跃度低、警情加剧等方面的隐患。考虑中国碳排放权交易试点市场以及国际碳排放权交易市场的发展经验，应采取搭建碳排放权交易价格智慧化预警平台、完善碳排放权交易市场交易机制、优化碳排放权交易市场产品结构、设置激励放宽门槛吸引投资者，以及提升中国在国际碳市场中的话语权和地位等多种措施，增强碳排放权交易价格自身的韧性，提升对碳排放权交易价格的有效预警能力，助力全国碳排放权交易市场尽可能发挥其节能减排的作用。

第8章　碳排放权交易价格有效预警的保障策略设计

碳排放权交易价格有效预警的保障策略，不仅要保障碳排放权交易价格警情状态预判结果的有效利用，还要保障碳排放权交易市场环境助力实现碳排放权交易价格有效预警。前者要求保障策略考虑碳排放权交易价格预警结果的落地，后者则要求保障策略发挥对碳排放权交易市场健康发展的促进作用。因此，基于前文对碳排放权交易价格的预测结果、警源辨析结果以及预警结果，结合全国碳排放权交易市场的现存问题，考虑中国碳排放权交易试点市场以及国际碳排放权交易市场的发展经验，本章将从预警平台搭建、市场机制完善、产品设计、激励机制设置和国际话语权提升方面，设计碳排放权交易价格有效预警的保障策略。通过预警平台搭建策略助力碳排放权交易价格预警结果落地，通过市场机制完善、产品设计、激励机制设置、国际话语权提升策略助力碳排放权交易市场健康发展，从而为监管者应对碳排放权交易价格波动风险提供借鉴参考，推动全国碳排放权交易市场稳健发展，助力全国碳排放权交易市场最大化发挥其节能减排的作用。

8.1　搭建碳排放权交易价格智慧化预警平台

碳排放权交易价格波动警源辨析的研究结果表明，能源价格、国际碳资产、宏观经济政策、天气以及网络搜索等警源发生变化均会对碳排放权交易价格波动状态造成不同程度的冲击。比如网络搜索，通过传播重大金融危机信息，会对碳排放权交易价格迅速造成冲击；能源价格和国际碳资产等市场化警源，则会通过金融市场间的波动溢出效应，形成"风险传染"，从而对碳排放权交易价格造成巨大冲击。因此，搭建碳排放权交易价格智慧化预警平台，对重大危机事件以及冲击性网络信息进行监控，及时预判碳排放权交易市场警情，是碳排放权交易价格预警结果落地的表现，能切实为监管者把握碳排放权交易价格警情提供支撑。

碳排放权交易价格智慧化预警平台是对碳排放权交易价格预警结果的可视化输出平台。首先，需要将碳排放权交易价格的预测模型代码化，使预警平台能自动预测出碳排放权交易的趋势，为预判警情状态提供依据。其次，基于碳排放权交易警源辨析结果，纳入金融市场、宏观经济面、突发性重大事件等其他可能的碳排放权交易价格波动警源，形成全面的预警指标系统，并对预警指标设置信号灯进行实时监控。再次，基于预警指标系统，利用预警模型，结合预警警限、警度和信号灯，输出碳排放权交易价格警情。最后，根据警情等级和信号灯颜色，启动碳排放权交易价格警情应对方案。

8.2 完善碳排放权交易市场交易机制

一是应设计碳配额跨期存储、借贷和抵消长效机制。前文预警结果发现中国碳排放权交易价格具有波动剧烈的隐患，而且碳排放权交易试点市场建设经验表明，每个试点市场均出现过碳排放权交易价格暴跌的现象。比如湖北碳排放权交易试点市场曾由于其政策缺乏连贯性，相关制度不具备长效性，使得湖北碳排放权交易试点市场出现恐慌情绪，从而导致碳排放权交易价格大跌。此外，在国际碳排放权交易市场方面，EU ETS 在第一阶段，即 2005—2007 年，由于其不允许碳配额跨期使用，导致 EU ETS 的碳排放权交易价格出现多次暴跌。EU ETS 在第二阶段，即 2008—2012 年，为避免碳排放权交易价格"重蹈覆辙",开始放开碳配额跨期使用,使得在第二阶段末期大量控排企业逢低买入,避免了碳排放权交易价格暴跌的现象,对碳排放权交易价格表现出支撑作用。因此,全国碳排放权交易市场可以考虑设计碳配额跨期存储、借贷和抵消机制,并确保交易机制的长效性,避免阶段性的市场交易制度对碳排放权交易价格造成剧烈冲击。

二是应完善碳排放权交易市场违规惩罚与监管机制。第3章中发现天津碳排放权交易试点由于市场违规惩罚机制不完善,市场管理总体相对宽松,致使长期表现出市场低迷问题,从而削弱了该市场的节能减排功能。此外,碳排放权交易属于金融化行为,碳排放权交易市场也具有金融化属性,全国碳排放权交易市场作为金融市场的"新秀",相关金融法对碳排放权交易行为涉及较少,相应的金融监管相对局限,致使对碳排放权交易的风险防范不到位,且投资者的合法权益保障不足。因此,为保障全国碳排放权交易市场的正常运行,应进一步完善碳排放权交易市场违规惩罚与监管机制,规范碳排放权交易行为,保障投资者的合法权益,同时及时防范市场风险。

8.3 优化碳排放权交易市场产品结构

一是要设计国家核证自愿减排量(China Certified Emission Reduction, CCER)的弹性抵消机制。核证减排量主要来自控排企业之外的其他企业,通过碳排放权交易市场的抵消机制,影响碳配额的清缴。CCER的抵消机制不仅是碳配额总量控制机制的有益补充,而且能有效吸引控排企业之外的其他企业积极参与减排行为,有助于发挥碳排放权交易市场减排辐射作用。但碳排放权交易试点市场建设经验表明,CCER的签发以及交易时间表现出较大程度的不确定性。目前,全国碳排放权交易市场CCER的抵消比例阈值固定为5%,为了防止CCER的集中供给对碳排放权交易市场造成剧烈冲击,建议设计CCER的弹性抵消机制,即根据碳排放权交易价格的波动情况,允许 CCER 的抵消比例进行局部弹性调整，从而形成相对安全的阈值机制。

二是要开发碳排放权衍生产品。全国碳排放权交易市场目前以现货交易为主，碳排放权交易价格波动剧烈，市场活跃度低、稳定性较差，而且风险分担工具匮乏。而纵观 8 个碳排放权交易试点市场，湖北碳排放权交易试点市场是首个推出碳排放权现货远期交易产品的市场，通过不断丰富其碳排放权交易产品，湖北碳排放权交易试点市场迅速吸引了广大投资者，表现出明显的交易主体基数优势，从而为其市场稳定性提供了保障。因此，建议全国碳排放权交易市场开发碳排放权衍生产品，适时推出远期、期权、期货等工具，发挥碳排放权交易市场自身的风险对冲功能，增强碳排放权交易市场的稳定性。

8.4 设置激励放宽门槛吸引投资者

一是要建立激励机制鼓励控排企业参与碳排放权交易。第 6 章的碳排放权交易价格波动警源辨析结果发现，目前天气、网络搜索等警源对碳排放权交易价格的冲击程度有限，这再次验证了碳排放权交易市场参与者不足的问题。因此，建议"因地制宜"地设置激励机制，鼓励控排企业参与到碳排放权交易中。比如，对于主动参与的控排企业给予一定优惠补贴或者技术支持等；对于参与意愿较弱的控排企业，一方面可以严把控排企业履约不积极的处罚力度，提高不履约成本，另一方面建议加大碳排放权交易市场的宣传力度，改善控排企业对碳排放权交易市场的认识，以及提高对碳排放权交易市场的关注度。

二是要适时将碳排放权交易市场向个人投资者和机构投资者开放。通过前文对碳排放权交易市场运行机制的分析，发现全国碳排放权交易市场尚未对个人投资者和机构投资者开放。个人投资者和机构投资者是金融市场的重要血液，能为全国碳排放权交易市场的发展注入大量社会资金。湖北碳排放权交易试点市场为吸引个人投资者和机构投资者，不仅丰富了产品内容，而且降低了市场门槛，从而使得湖北碳排放权交易试点市场"独具活力"。因此，建议全国碳排放权交易市场适时向个人投资者和机构投资者开放，逐步放宽市场准入门槛，适当放宽个人投资者和机构投资者对碳配额的购买比例，从而促进全国碳排放权交易市场参与者多元化发展。

8.5 提升中国在国际碳市场中的话语权和地位

一是要提升中国在国际碳排放权交易市场中的参与度。结合第3章中碳排放权交易市场的发展历程和第6章的碳排放权交易价格波动警源辨析结果发现，国际碳资产价格波动会对中国碳排放权交易价格造成一定程度的冲击，而中国作为发展中国家，仅通过清洁发展机制项目（CDM）项目参与国际碳排放权交易，但作为CDM供给方，在CDM处于买方市场的现状下，中国在国际碳排放权交易市场中的处境较为被动。因此，建议根据现实需求，通过宏观政策对CDM项目的供给端进行调控，提升中国在国际碳排放权交易市场中碳排放权定价的话语权。同时应将中国的CDM项目与核证减排量（CER）对接，使全国碳排放权交易市场参与消化CDM项目，不仅能收紧中国对国际碳排放权交易市场的供给，而且能通过CDM项目这一桥梁，增强全国碳排放权交易市场与国际碳排放权交易市场之间的联系，从而间接提升中国在国际碳排放权交易市场中的参与度。

二是要加速推进人民币国际化进程。中国是世界上最大的二氧化碳排放国，推进人民币国际化，甚至推动人民币成为国际碳排放权交易市场中的结算货币，不仅有利于争取国际碳排放权交易市场中碳排放权的定价权，而且有助于提升中国在国际碳排放权交易市场中的地位，同时为未来加大全国碳排放权交易市场的开放程度、吸引国外投资者奠定基础。因此，建议加速推进人民币国际化进程，从而提升中国在国际市场中的话语权和地位。

参考文献

一、英文参考文献

ALBEROLA E, CHEVALLIER J, CHEZE B, 2008a. Price drivers and structural breaks in European carbon prices 2005-2007[J]. Energy Policy, 36(2): 787-797.

ALBEROLA E, CHÈZE B, CHEVALLIER J, 2008b. The EU emissions trading scheme: the effects of industrial production and CO_2 emissions on carbon prices[J]. Economie Internationale, 116(4): 93-126.

ALBEROLA E, CHEVALLIER J, 2009. European carbon prices and banking restrictions: Evidence from phase I (2005-2007) [J]. The Energy Journal, 30(3): 51-80.

ATSALAKIS S G, 2016. Using computational intelligence to forecast carbon prices[J]. Applied Soft Computing, 43: 107-116.

AZADEH A, GHADERI S F, SOHRABKHANI S, 2008. Annual electricity consumption forecasting by neural network in high energy consuming industrial sectors[J]. Energy Conversion and management, 49(8), 2272-2278.

BUNN D W, FEZZI C, 2007. Interaction of European carbon trading and energy prices[J/OL]. Climate Change Modelling and Policy Working Paper. https://ideas.repec.org/p/ags/feemcc/9092.html.

BATALLER M M, PARDO TORNERO N, VALOR E, 2009. CO_2 Prices, Energy and Weather[J]. The Energy Journal, 28(3): 73-92.

BYUN S J, CHO H, 2013. Forecasting carbon futures volatility using GARCH models with energy volatilities[J]. Energy Economics, 40: 207-221.

BRAVE S A, BUTTERS R A, 2011. Monitoring financial stability: a financial conditions index approach[J]. Social Science Electronic Publishing, 35(1): 22-43.

BOYD S, PARIKH N, CHU E, et al, 2010. Distributed optimization and statistical learning via the alternating direction method of multipliers[J]. Foundations and Trends in Machine Learning, 3(1): 1-122.

CHRISTIANSEN A C, WETTESTAD J, 2003. The EU as a frontrunner on greenhouse gas emissions trading: how did it happen and will the EU succeed?[J]. Climate Policy, 3(1): 3-18.

CHEVALLIER J, 2009. Carbon futures and macroeconomic risk factors: a view from the EU ETS [J]. Energy Economics, (31): 614-625.

CHEVALLIER J, 2011a. Nonparametric modeling of carbon prices[J]. Energy Economics, 33(6): 1267-1282.

CHEVALLIER J, 2011b. A model of carbon price interactions with macroeconomic and energy dynamics[J]. Energy Economics, 33(6):1295-1312.

CHEVALLIER J, 2011c. Evaluating the carbon-macroeconomy relationship: Evidence from threshold vector error-correction and Markov-switching VAR models[J]. Economic Modelling, 28(6): 2634-2656.

CHEVALLIER J, 2010. Detecting instability in the volatility of carbon prices[J]. Energy Economics, 33(1): 99-110.

CHAI S, ZHANG Z, ZHANG Z, 2021. Carbon price prediction for China's ETS pilots using variational mode decomposition and optimized extreme learning machine[J/OL]. Annals of Operations Research, 1-22. DOI: 10.1007/S10479-

021-04392-7.

DELARUE E D, D'HAESELEER W D, 2007. Price determination of ETS allowances through the switching level of coal and gas in the power sector[J]. International Journal of Energy Research, 31(11):1001-1015.

DECLERCQ B, DELARUE E, D'HAESELEER W, 2011. Impact of the economic recession on the European power sector's CO_2 emissions[J]. Energy Policy, 39(3): 1677-1686.

DURAND-LASSERVE O, PIERRU A, SMEERS Y, 2011. Effects of the uncertainty about global economic recovery on energy transition and CO_2 price[J]. MIT CEEPR Working Paper, 55(1): 205-221.

DRAGOMIRETSKIY K, ZOSSO D, 2013. Variational mode decomposition[J]. IEEE Transactions on Signal Processing, 62(3): 531-544.

ELMAN J L, 1990. Finding structure in time[J]. Cognitive Science, 14(2): 179-211.

EVA B, STEFAN T, 2009. Modeling the price dynamics of CO_2 emission allowances[J]. Energy Economics, 31(1): 4-15.

E J, Ye J, He L, et al, 2021. A denoising carbon price forecasting method based on the integration of kernel independent component analysis and least squares support vector regression[J]. Neurocomputing, 434: 67-79.

FREUND Y, 1995. Boosting a weak learning algorithm by majority[J]. Information and Computation, 121(2): 256–285.

FREUND Y, SCHAPIRE R E, 1997. A decision-theoretic generalization of on-line learning and an application to boosting[J]. Journal of Computer and System Sciences, 55(1): 119-139.

FAN X, LI S, TIAN L, 2015. Chaotic characteristic identification for carbon price and an multi-layer perceptron network prediction model[J]. Expert Systems with Applications, 42(8): 3945-3952.

GUO L, GE P, Zhang M, et al, 2012. Pedestrian detection for intelligent transportation systems combining AdaBoost algorithm and support vector machine[J]. Expert Systems with Applications, 39(4): 4274-4286.

GARCÍA-MARTOS C, RODRÍGUEZ J, SÁNCHEZ M J, 2013. Modelling and forecasting fossil fuels, CO_2 and electricity prices and their volatilities[J]. Applied Energy, 101: 363-375.

HINTERMANN B, 2010. Allowance price drivers in the first phase of the EU ETS[J]. Journal of Environmental Economics and Management, 59(1): 43-56.

HAN M, DING L, ZHAO X, et al, 2019. Forecasting carbon prices in the Shenzhen market, China: the role of mixed-frequency factors[J]. Energy, 171: 69-76.

HAO Y, TIAN C, 2020. A hybrid framework for carbon trading price forecasting: the role of multiple influence factor[J]. Journal of Cleaner Production, 262: 120378.

HUANG Y, DAI X, WANG Q, et al, 2021. A hybrid model for carbon price forecasting using GARCH and long short-term memory network[J]. Applied Energy, 285: 116485.

HAO Y, TIAN C, WU C, 2019. Modelling of carbon price in two real carbon trading markets[J]. Journal of Cleaner Production, 244: 118556.

HE Y, ZHOU Y, WANG B, et al., 2012. Early warning model for risks of energy prices and energy price ratios in China's energy engineering[J]. Systems Engineering Procedia, 3: 22-29.

HUANG Y, HE Z, 2020. Carbon price forecasting with optimization prediction method based on unstructured combination[J]. Science of The Total Environment, 725: 138350.

JARQUE C M, Bera A K, 1987. A test for normality of observations and regression residuals[J]. International Statistical Review, 55(2): 163-172.

KANEN J L M, 2006. Carbon trading & pricing[M]. Environmental Finance Publications.

KARA M, SYRI S, LEHTILÄ A, et al, 2008. The impacts of EU CO_2 emissions trading on electricity markets and electricity consumers in Finland[J]. Energy Economics, 30(2): 193-211.

KEPPLER J H, MANSANET-BATALLER M, 2010. Causalities between CO_2, electricity, and other energy variables during phase I and phase II of the EU ETS[J]. Energy Policy, 38(7): 3329-3341.

KOUTROUMANIDIS T, IOANNOU K, ARABATZIS G, 2009. Predicting fuelwood prices in Greece with the use of ARIMA models, artificial neural networks and a hybrid ARIMA-ANN model[J]. Energy Policy, 37(9): 3627-3634.

KHASHEI M, BIJARI M, 2011. A novel hybridization of artificial neural networks and ARIMA models for time series forecasting[J]. Applied Soft Computing, 11(2): 2664-2675.

LI H, WANG J, LU H, et al, 2018. Research and application of a combined model based on variable weight for short term wind speed forecasting[J]. Renewable Energy, 116: 669-684.

LI H, JIN F, SUN S, et al., 2021. A new secondary decomposition ensemble learning approach for carbon price forecasting[J]. Knowledge-Based Systems, 214: 106686.

LILLIEFORS H W, 1967. On the Kolmogorov-Smirnov test for normality with mean and variance unknown[J]. Journal of the American Statistical Association, 62(318): 399-402.

LIN B, XU B, 2021. A non-parametric analysis of the driving factors of China's carbon prices[J]. Energy Economics, 104: 105684.

LIN B, JIA Z, 2020. Why do we suggest small sectoral coverage in China's carbon trading market?[J]. Journal of Cleaner Production, 257: 120557.

LU H, MA X, HUANG K, et al., 2020. Carbon trading volume and price forecasting in China using multiple machine learning models[J]. Journal of Cleaner Production, 249: 119386.

LAHMIRI S, SHMUEL A, 2017. Variational mode decomposition based approach for accurate classification of color fundus images with hemorrhages[J]. Optics and Laser Technology, 96: 243-248.

LUTZ B J, PIGORSCH U, ROTFUß W, 2013. Nonlinearity in cap-and-trade systems: the EUA price and its fundamentals[J]. Energy economics, 40: 222-232.

LI W, LU C, 2018. The research on setting a unified interval of carbon price benchmark in the national carbon trading market of China[J]. Applied Energy, 155: 728-739.

MANSANET-BATALLER M, PARDO A, VALOR E, 2007. CO_2 prices, energy and weather[J]. Energy Journal, 28(3): 73-92.

NAZIFI F, MILUNOVICH G, 2010. Measuring the impact of carbon allowance trading on energy prices [J]. Energy & Environment, 21(5): 367-383.

OBERNDORFER U, 2009. EU emission allowances and the stock market: evidence from the electricity industry[J]. Ecological Economics, 68(4): 1116-1126.

PAOLELLA M S, TASCHINI L, 2008. An econometric analysis of emission allowance prices[J]. Journal of Banking and Finance, 32(10): 2022-2032.

RICHMAN J S, MOORMAN J R, 2000. Physiological time-series analysis using approximate entropy and sample entropy[J]. American Journal of Physiology-Heart and Circulatory Physiology, 278(6): H2039-H2049.

REILLY J, PALTSEV S, CHOUMERT F, 2007. Heavier crude, changing demand for petroleum fuels, regional climate policy, and the location of upgrading capacity[R]. MIT Joint Program on the Science and Policy of Global Change.

SPRINGER U, 2003. The market for tradable GHG permits under the Kyoto

Protocol: a survey of model studies[J]. Energy Economics, 25(5): 527-551.

SIJM J, NEUHOFF K, CHEN Y, 2006. CO_2 cost pass-through and windfall profits in the power sector[J]. Climate policy, 6(1): 49-72.

SUN W, ZHANG C, SUN C, 2019. Carbon pricing prediction based on wavelet transform and K-ELM optimized by bat optimization algorithm in China ETS: the case of Shanghai and Hubei carbon markets[J]. Carbon Management, 9(6): 605-617.

SUN W, ZHANG C, 2018. Analysis and forecasting of the carbon price using multi-resolution singular value decomposition and extreme learning machine optimized by adaptive whale optimization algorithm[J]. Applied Energy, 231: 1354-1371.

SUN G, CHEN T, WEI Z, et al., 2016. A carbon price forecasting model based on variational mode decomposition and spiking neural networks[J]. Energies, 9(1): 54.

SUN W, HUANG C, 2019. A carbon price prediction model based on secondary decomposition algorithm and optimized back propagation neural network[J]. Journal of Cleaner Production, 243: 118671.

SUN W, SUN C, LI Z, 2020. A hybrid carbon price forecasting model with external and internal influencing factors considered comprehensively: a case study from China[J]. Polish Journal of Environmental Studies, 29(5): 3305-3316.

SUN S, JIN F, LI H, et al., 2021. A new hybrid optimization ensemble learning approach for carbon price forecasting[J]. Applied Mathematical Modelling, 97: 182-205.

SUN W, HUANG C, 2020. A novel carbon price prediction model combines the secondary decomposition algorithm and the long short-term memory network[J]. Energy, 207: 118294.

TSAI M T, KUO Y T, 2014. Application of radial basis function neural network for carbon price forecasting[J]. Applied Mechanics and Materials, (590): 683-687.

WANG J, CUI Q, HE M, 2022. Hybrid intelligent framework for carbon price prediction using improved variational mode decomposition and optimal extreme learning machine[J] Chaos, Solitons & Fractals, 156: 111783.

WANG J, WANG J, ZHANG Z, et al., 2011. Forecasting stock indices with back propagation neural network[J]. Expert Systems with Applications, 38(11): 14346-14355.

WANG Y, 2009. Nonlinear neural network forecasting model for stock index option price: Hybrid GJR-GARCH approach[J]. Expert Systems with Applications, 36(1): 564-570.

WANG J, YANG W, DU P, et al., 2018. Research and application of a hybrid forecasting framework based on multi-objective optimization for electrical power system[J]. Energy, 148: 59-78.

WANG J, XIN S, QIAN C, et al., 2021. An innovative random forest-based nonlinear ensemble paradigm of improved feature extraction and deep learning for carbon price forecasting[J]. Science of The Total Environment, 762: 143099.

WEN F, ZHAO H, ZHAO L, et al., 2022. What drive carbon price dynamics in China?[J]. International Review of Financial Analysis, 79: 101999.

WANG L, YIN K, CAO Y, et al., 2019. A new Grey relational analysis model based on the characteristic of inscribed core (IC-GRA) and its application on seven-pilot carbon trading markets of China[J]. International Journal of Environmental Research and Public Health, 16(1): 99.

XU H, WANG M, JIANG S, et al., 2020. Carbon price forecasting with complex network and extreme learning machine[J]. Physica A-Statistical Mechanics and Its Applications, 545: 122830.

YANG S, CHEN D, LI S, et al., 2020. Carbon price forecasting based on modified ensemble empirical mode decomposition and long short-term memory optimized by improved whale optimization algorithm[J]. Science of the Total Environment, 716: 137117.

ZHAO X, HAN M, DING L, et al., 2018. Usefulness of economic and energy data at different frequencies for carbon price forecasting in the EU ETS[J]. Applied Energy, 216: 132-141.

ZHANG G P, 2003. Time series forecasting using a hybrid ARIMA and neural network model[J]. Neurocomputing, 50: 159-175.

ZHU B, WEI Y, 2013. Carbon price forecasting with a novel hybrid ARIMA and least squares support vector machines methodology[J]. Omega, 41(3): 517-524.

ZHU B, 2012. A novel multiscale ensemble carbon price prediction model integrating empirical mode decomposition, genetic algorithm and artificial neural network[J]. Energies, 5(2): 163-70.

ZHU J, WU P, CHEN H, et al., 2019. Carbon price forecasting with variational mode decomposition and optimal combined model[J]. Physica A: Statistical Mechanics and its Applications, 519: 140-158.

ZHOU J, YU X, YUAN X, 2018. Predicting the carbon price sequence in the Shenzhen emissions exchange using a multiscale ensemble forecasting model based on ensemble empirical mode decomposition[J]. Energies, 11(7): 1-17.

ZHU B, HAN D, WANG P, et al., 2017. Forecasting carbon price using empirical moded ecomposition and evolutionary least squares support vector regression[J]. Applied Energy, 191: 521-530.

ZHU B, SHI X, CHEVALLIER J, et al., 2016. An adaptive multiscale ensemble learning paradigm for nonstationary and nonlinear energy price time series forecasting[J]. Journal of Forecasting, 35(7): 633-651.

ZHANG J, LI D, HAO Y, et al., 2018. A hybrid model using signal processing technology, econometric models and neural network for carbon spot price forecasting[J]. Journal of Cleaner Production, 204: 958−964.

ZHOU J, CHEN D, 2021. Carbon Price Forecasting Based on Improved CEEMDAN and Extreme Learning Machine Optimized by Sparrow Search Algorithm[J]. Sustainability, 13(9): 4896.

ZHAO X, LI H, DING L, et al., 2020. Forecasting direct economic losses of marine disasters in China based on a novel combined model [J]. International Journal of Disaster Risk Reduction, 51: 101921.

ZHOU K, LI Y, 2019. Influencing factors and fluctuation characteristics of China's carbon emission trading price[J]. Physica A: Statistical Mechanics and its Applications, 524: 459−474.

ZHAO X, ZOU Y, YIN J, et al., 2017. Cointegration relationship between carbon price and its factors: evidence from structural breaks analysis[J]. Energy Procedia, 142: 2503−2510.

ZHANG Y, CHEN Y, WU Y, et al., 2022. Investor attention and carbon return: evidence from the EU−ETS[J]. Economic Research−Ekonomska Istraživanja, 35(1): 709−727.

ZHAO X, LI H, DING L, et al., 2019. Research and application of a hybrid system based on interpolation for forecasting direct economic losses of marine disasters[J]. International Journal of Disaster Risk Reduction, 37: 101121.

ZHANG Y, WU L, 2009. Stock market prediction of S&P 500 via combination of improved BCO approach and BP neural network[J]. Expert Systems with Applications, 36: 8849–8854.

二、中文参考文献

白强，董洁，田园春，2022.中国碳排放权交易价格的波动特征及其影响因素研究［J］.统计与决策，38（5）：161-165.

陈晓红，王陟昀，2012.碳排放权交易价格影响因素实证研究——以欧盟排放交易体系（EUETS）为例［J］.系统工程，30（2）：53-60.

陈欣，刘明，刘延，2016.碳交易价格的驱动因素与结构性断点——基于中国七个碳交易试点的实证研究［J］.经济问题（11）：29-35.

陈磊，孟勇刚，咸金坤，2019.我国宏观经济景气的实时监测与预测［J］.数量经济技术经济研究，36（2）：86-102.

蔡文娟，2020.基于谷歌趋势的碳价波动性及预测研究［J］.对外经贸（1）：31-34.

崔焕影，窦祥胜，2018.基于EMD-GA-BP与EMD-PSO-LSSVM的中国碳市场价格预测［J］.运筹与管理，27（7）：133-143.

崔婕，黄杰，李凯，2018.基于VAR的碳排放权现货价格、能源价格及道中指数关系研究［J］.经济问题（7）：27-33.

崔明，2018.水产品价格风险预警体系研究——以大菱鲆价格为例［J］.价格理论与实践（6）：94-97.

杜子平，刘富存，2018.我国区域碳排放权价格及其影响因素研究——基于GA-BP-MIV模型的实证分析［J］.价格理论与实践（6）：42-45.

董倩，孙娜娜，李伟，2014.基于网络搜索数据的房地产价格预测［J］.统计研究，31（10）：81-88.

邓晶，秦涛，黄珊，2013.基于Logistic模型的我国上市公司信用风险预警研究［J］.金融理论与实践（2）：22-26.

凤振华，魏一鸣，2011.欧盟碳市场系统风险和预期收益的实证研究［J］.管理学报，8（3）：451-455.

方雪清，吴春胤，俞守华，等，2021.基于EEMD-LSTM的农产品价格短期预测模型研究［J］.中国管理科学，29（11）：68-77.

方燕，李磊，2017.我国主要粮食价格预测预警研究——基于神经网络及控制图理论分析［J］.价格理论与实践（5）：77-80.

方福平，李凤博，2010.稻谷价格波动与农民种稻行为动态关系的实证分析［J］.中国农村经济（12）：46-54.

付莲莲，翁贞林，伍健，2017.基于BP神经网络的江西省生猪价格波动预警分析［J］.价格月刊（9）：19-24.

傅强，张小波，2011a.金融开放外源性风险对中国经济金融稳定与安全的影响分析［J］.南开经济研究（3）：30-44.

傅强，张小波，2011b.中国金融开放的外源性风险评估与预警机制［J］.金融论坛，16（8）：3-11.

顾海兵，1997.宏观经济预警研究：理论·方法·历史［J］.经济理论与经济管理（4）：3-9.

郭文军，2015.中国区域碳排放权价格影响因素的研究——基于自适应Lasso方法［J］.中国人口·资源与环境，25（5）：305-310.

郭婧，倪中新，肖洁，2021.上证50ETF期权隐含波动风险对资本市场风险的预警能力分析［J］.统计与信息论坛，36（4）：60-71.

郭白滢，周任远，2016.我国碳交易市场价格周期及其波动性特征分析［J］.统计与决策（21）：154-157.

高杨，李健，2014.基于EMD-PSO-SVM误差校正模型的国际碳金融市场价格预测［J］.中国人口•资源与环境，24（6）：163-170.

高新伟，马海侠，2013.国际油价波动风险预警及管理［J］.系统工程理论与实践，33（2）：273-283.

龚旭，文凤华，黄创霞，等，2017.HAR-RV-EMD-J模型及其对金融资产波动率的预测研究［J］.管理评论，29（1）：19-32.

黄仁辉，张集，张粒子，等，2009.整合GARCH和VaR的电力市场价格风险预警模型［J］.中国电机工程学报，29（19）：85-91.

黄健柏，陈芳，邵留国，2012.有色金属价格波动预测预警系统研究展望［J］.价格理论与实践（6）：85-86.

黄季焜，杨军，仇焕广，等，2009.本轮粮食价格的大起大落：主要原因及未来走势［J］.管理世界（1）：72-78.

贺毅岳，李萍，韩进博，2020.基于CEEMDAN-LSTM的股票市场指数预测建模研究［J］.统计与信息论坛，35（6）：34-45.

何建敏，白洁，2015.基于EEMD-VAR的余额宝收益率影响因素研究［J］.现代财经（天津财经大学学报），35（8）：80-89.

何砚，郭泰，方方，2020.京津冀城市可持续发展效率预警研究——基于灰色支持向量机回归模型的预测［J］.生态经济，36（9）：95-100.

侯英杰，张立杰，2019.我国棉花生产风险预警研究［J］.新疆大学学报（自然科学版），36（2）：208-220.

纪钦洪，孙洋洲，于航，等，2018.基于多元线性回归的碳配额价格预测模型研究［J］.现代化工，38（4）：220-224.

蒋锋，彭紫君，2018.基于混沌PSO优化BP神经网络的碳价预测［J］.统计与信息论坛，33（5）：93-98.

蒋贤锋，王贺，史永东，2008.我国金融市场中基准利率的选择［J］.金融研究（10）：22-36.

江红莉，刘丽娟，2020.企业杠杆率、宏观经济景气指数与系统性金融风险［J］.金融监管研究（1）：66-83.

康艺之，方伟，林伟君，2014.我国重要农产品价格异常波动情报预警分析［J］.广东农业科学，41（7）：200-203.

吕靖烨，范欣雅，吴浩楠，2021.中国碳排放权价格影响因素的参数灵敏度分析［J］.软科学，35（5）：123-130.

吕靖烨，张超，2019.低碳背景下我国碳排放权市场价格的影响因素分析［J］.煤炭经济研究，39（5）：31-37.

吕靖烨，杨华，郭泽，2019.基于GA-RS的中国碳排放权价格影响因素的分解研究［J］.生态经济，35（11）：42-47.

吕靖烨，王腾飞，2019.我国碳排放权市场价格波动的长期记忆性和杠杆效应研究——以湖北碳排放权交易中心为例［J］.价格月刊（10）：29-36.

楼文高，刘林静，陈芳，等，2017.生猪市场价格风险预警的GRNN建模及其实证研究［J］.数学的实践与认识，47（6）：19-28.

李优柱，李崇光，李谷成，2014.我国蔬菜价格预警系统研究［J］.农业技术经济（7）：79-88.

李谊，2020.碳排放权交易定价影响因素的实证研究［J］.价格理论与实践（6）：146-149.

李成刚，贾鸿业，赵光辉，等，2023.基于信息披露文本的上市公司信用风险预警——来自中文年报管理层讨论与分析的经验证据［J］.中国管理科学，31（2）：18-29.

李良松，2009.上海银行间同业拆放利率VaR的有效性研究［J］.金融研究（09）：110-122.

刘维泉，张杰平，2012.EU ETS碳排放期货价格的均值回归——基于CKLS模型的实证研究［J］.系统工程，30（2）：44-52.

刘建和，梁佳丽，陈霞，2020.我国碳市场与国内焦煤市场、欧盟碳市场的溢出效应研究［J］.工业技术经济，39（9）：88-95.

刘丽伟，高中理，2013.世界碳金融的区域效应及制约因素分析［J］.求是学刊，40（6）：60-67.

刘维泉，赵净，2011.ECX碳排放期货与欧美股市联动性研究——基于DCC-MVGARCH模型的实证分析［J］.兰州学刊（5）：37-41.

刘志峰，张婷婷，2020.投资者彩票偏好对股票价格行为的影响研究［J］.管理科学学报，23（3）：89-99.

刘成立，王朝晖，2017.股指期货在预警股票市场系统性风险中的作用研究
　　［J］.宏观经济研究（6）：32-43.

刘芳，王琛，何忠伟，2013.我国生猪市场价格预警体系研究［J］.农业技术
　　经济（5）：78-85.

刘金培，罗瑞，陈华友，等，2023.非结构化数据驱动的混合二次分解汇率区
　　间多尺度组合预测［J］.中国管理科学，31（6）：60-70.

梁朝晖，郭翔，2020.基于期权隐含波动率的股市风险预警研究［J］.上海金
　　融（7）：39-44.

林毅夫，陈锡文，梅方权，等，1995.中国粮食供需前景［J］.中国农村经济
　　（8）：3-9.

马慧敏，赵静秋，2016.碳排放权交易价格影响因素实证分析——基于北京市
　　碳排放交易所数据［J］.财会月刊（29）：22-26.

牛桂草，周绩宏，马红燕，等，2021.基于ARMA模型的河北鸭梨价格预测及
　　预警［J］.山东农业科学，53（11）：151-156.

农业部农村经济研究中心分析小组，张照新，翟雪玲，等，2011.通货膨胀、
　　农产品价格上涨与市场调控［J］.农业技术经济（3）：4-12.

齐甜方，蒋洪迅，2021.基于Seq2Seq文本摘要和情感挖掘的股票波动趋势预
　　测［J］.管理评论，33（5）：257-269.

秦全德，黄兆荣，黄凯珊，2022.一种基于局部回归的多尺度碳市场价格预测
　　模型研究［J］.运筹与管理，31（1）：107-114.

齐小华，高福安，1994.预测理论与方法［M］.北京：北京广播学院出版社.

任泽平，2012.能源价格波动对中国物价水平的潜在与实际影响［J］.经济研
　　究，47（8）：59-69.

沈洪涛，黄楠，2019.碳排放权交易机制能提高企业价值吗［J］.财贸经济，
　　40（1）：144-161.

沈悦，张澄，2015.人民币国际化进程中的金融风险预警研究［J］.华东经济
　　管理，29（8）：94-101.

邵爱军，左丽琼，王丽君，2010.气候变化对河北省海河流域径流量的影响［J］.地理研究，29（8）：1502-1509.

尚玉皇，郑挺国，2018.中国金融形势指数混频测度及其预警行为研究［J］.金融研究（3）：21-35.

盛天翔，范从来，2020.金融科技、最优银行业市场结构与小微企业信贷供给［J］.金融研究（6）：114-132.

唐升，周新苗，2018.中国系统性金融风险与安全预警实证研究［J］.宏观经济研究（3）：48-61.

唐江桥，雷娜，2011.中国鸡蛋价格波动预警研究［J］.西部论坛，21（6）：44-49.

王庆山，李健，2016.基于时变参数模型的中国区域碳排放权价格调控机制研究［J］.中国人口·资源与环境，26（1）：31-38.

王倩，路京京，2015.中国碳配额价格影响因素的区域性差异［J］.浙江学刊（4）：162-168.

王博永，杨欣，2014.基于网络搜索的房地产政策调控效果研究［J］.管理评论，26（9）：78-88.

王竹葳，孙浩瀚，宋成松，2021.投资者关注与碳交易市场收益率——基于面板数据的实证研究［J］.工业技术经济，40（10）：3-14.

王娜，2017.基于Boosting-ARMA的碳价预测［J］.统计与信息论坛，32（3）：28-34.

王娜，2016.基于大数据的碳价预测［J］.统计研究，33（11）：56-62.

王喜平，王雪萍，2021.欧盟和国内碳交易市场的相依结构及风险溢出效应研究［J］.工业技术经济，40（7）：72-81.

王会娟，肖佳宁，曲双石，2013.中国玉米批发价格的短期预测及预警［J］.中国农村经济（9）：44-53.

王毅成，林根祥，1998.市场预测与决策（修订本）［M］.武汉：武汉理工大学出版社.

吴桐雨，王健，2019.中国物流业、经济增长与技术创新——基于2002-2017年向量自回归模型的实证研究［J］.工业技术经济，38（3）：116-122.

吴慧娟，张智光，2020.中国碳交易价格低迷的成因：理论模型与实证分析［J］.管理现代化，40（6）：75-81.

吴培，李哲敏，2021.基于C（n）-MIDAS模型的中国鸡蛋价格混频预测预警研究［J］.华中农业大学学报（社会科学版）（5）：85-97.

吴田，2015.基于风险信号灯等级设定的金融风险预警研究［J］.统计与决策（8）：153-156.

陶春华，2015.我国碳排放权交易市场与股票市场联动性研究［J］.北京交通大学学报（社会科学版），14（4）：40-51.

魏宇，张佳豪，陈晓丹，2022.基于DMS和DMA的我国碳排放权交易价格预测方法研究——来自湖北碳市场的经验证据［J］.系统工程，40（4）：1-16.

危平，杨明艳，2017.基于组织复杂性视角的金融集团内部资本市场效率研究［J］.中国管理科学，25（6）：11-21.

向为民，钟朝，2020.我国碳市场价格影响因素研究［J］.重庆理工大学学报（自然科学），34（10）：259-265.

肖智，吴慰，2008.基于PSO-PLS的组合预测方法在GDP预测中的应用［J］.管理科学（3）：115-121.

肖争艳，刘玲君，赵廷蓉，等，2020.深度学习神经网络能改进GDP的预测能力吗？［J］.经济与管理研究，41（7）：3-17.

许雪晨，田侃，2021.一种基于金融文本情感分析的股票指数预测新方法［J］.数量经济技术经济研究，38（12）：124-145.

熊巍，祁春节，高瑜，等，2015.基于组合模型的农产品市场价格短期预测研究——以红富士苹果、香蕉、橙为例［J］.农业技术经济（06）：57-65.

熊志斌，2011.ARIMA融合神经网络的人民币汇率预测模型研究［J］.数量经济技术经济研究，28（6）：64-76.

易兰，杨历，李朝鹏，等，2017.欧盟碳价影响因素研究及其对中国的启示［J］.中国人口·资源与环境，27（6）：42-48.

易靖韬，严欢，2023.基于小波分解和ARIMA-GRU混合模型的外贸风险预测预警研究［J］.中国管理科学，31（6）：100-110.

杨超，李国良，门明，2011.国际碳交易市场的风险度量及对我国的启示——基于状态转移与极值理论的VaR比较研究［J］.数量经济技术经济研究，28（4）：94-109.

杨丹丹，沈悦，2021.金融开放进程中的中国跨境资本流动风险预警研究——基于MS-TVTP模型的分析［J］.国际金融研究（5）：76-85.

杨瑢，2011.基于结构方程模型的生猪价格预警研究［J］.中国畜牧杂志，47（18）：6-9.

余方平，匡海波，2017.基于VMD-GRGC-FFT的BDI指数周期特性研究［J］.管理评论，29（4）：213-225.

袁先智，狄岚，宋冠都，等，2021.基于随机搜索方法对影响大宗商品期货螺纹钢期货价格趋势变化的关联特征指标研究［J］.管理评论，33（9）：25-37.

云坡，唐文之，黄荷暑，2021.基于时变高阶矩NAGARCHSK-LSTM模型的中国碳排放权价格预测［J］.安徽农业大学学报（社会科学版），30（5）：48-57.

岳之峣，周文俊，侯云先，2013.基于支持向量机的鸡蛋供应链中价格预警研究［J］.物流工程与管理（2）：74-76.

郑祖婷，沈菲，郎鹏，2018.我国碳交易价格波动风险预警研究——基于深圳市碳交易市场试点数据的实证检验［J］.价格理论与实践（10）：49-52.

郑志刚，邓贺斐，2010.法律环境差异和区域金融发展——金融发展决定因素基于我国省级面板数据的考察［J］.管理世界（6）：14-27.

张瑞荣，毛藤熹，王济民，2015.肉鸡产品价格波动预警研究［J］.农村经济（5）：28-31.

张跃军，魏一鸣，2010.化石能源市场对国际碳市场的动态影响实证研究［J］.管理评论，22（6）：34-41.

张崇，吕本富，彭赓，等，2012.网络搜索数据与CPI的相关性研究［J］.管理科学学报，15（7）：50-59.

张虎，沈寒蕾，夏伦，2020.基于多源异步混频CPI数据的预测方法研究［J］.数量经济技术经济研究，37（10）：149-168.

张谊浩，李元，苏中锋，等，2014.网络搜索能预测股票市场吗？［J］.金融研究（2）：193-206.

张云，2018.中国碳交易价格驱动因素研究——基于市场基本面与政策信息的双重视角［J］.社会科学辑刊（1）：111-120.

张晨，杨仙子，2016a.基于改进的Grey-Markov对区域碳排放市场价格的预测［J］.统计与决策（9）：92-95.

张晨，杨仙子，2016b.基于多频组合模型的中国区域碳市场价格预测［J］.系统工程理论与实践，36（12）：3017-3025.

张晨，胡贝贝，2017.基于误差校正的多因素BP国际碳市场价格预测［J］.价格月刊（1）：11-18.

张永军，2007.经济景气计量分析方法与应用研究［M］.北京：中国经济出版社.

张新红，王瑞晓，2011.我国上市公司信用风险预警研究［J］.宏观经济研究（1）：50-54.

张金良，李德智，谭忠富，2019.基于混合模型的国际原油价格预测研究［J］.北京理工大学学报（社会科学版），21（1）：59-64.

张希良，张达，余润心，2021.中国特色全国碳市场设计理论与实践［J］.管理世界，37（8）：80-95.

张德阳，韩益亮，李晓龙，2018.基于主题的关键词提取对微博情感倾向的研究［J］.燕山大学学报，42（6）：552-560.

赵静雯，2012.欧盟碳期货价格与能源价格的相关性分析［J］.金融经济

（14）：92-94.

赵领娣，王海霞，2019.碳交易价格预测研究——以深圳市为例［J］.价格理论与实践（2）：76-79.

赵惟，范海兰，2008.石油价格波动规律及其预警识别体系研究［J］.中国工业经济（11）：66-77.

赵予新，2007.粮食价格预警模型与风险防范机制研究［J］.经济经纬（1）：125-128.

邹亚生，魏薇，2013.碳排放核证减排量（CER）现货价格影响因素研究［J］.金融研究（10）：142-153.

邹绍辉，张甜，2018.国际碳期货价格与国内碳价动态关系［J］.山东大学学报（理学版），53（5）：70-79.

周天芸，许锐翔，2016.中国碳排放权交易价格的形成及其波动特征——基于深圳碳排放权交易所的数据［J］.金融发展研究（1）：16-25.

周建国，刘宇萍，韩博，2016.我国碳配额价格形成及其影响因素研究——基于VAR模型的实证分析［J］.价格理论与实践（5）：85-88.

周晓波，陈璋，王继源，2019.基于混合人工神经网络的人民币汇率预测研究——兼与ARMA、ARCH、GARCH的比较［J］.国际经贸探索，35（9）：35-49.

周德群，鞠可一，周鹏，等，2013.石油价格波动预警分级机制研究［J］.系统工程理论与实践，33（3）：585-592.

周光友，罗素梅.互联网金融资产的多目标投资组合研究［J］.金融研究，2019（10）：135-151.

周灵，2016.供给侧结构性改革下我国居民消费率变动影响因素实证研究［J］.商业经济研究（24）：20-23.

周德才，朱志亮，纪应心，等，2019.混频非对称金融景气指数编制及应用研究——基于MF-MS-DFM模型的经验分析［J］.管理评论，31（8）：71-83.

朱帮助，魏一鸣，2011.基于GMDH-PSO-LSSVM的国际碳市场价格预测［J］.系统工程理论与实践，31（12）：2264-2271.

朱帮助，王平，魏一鸣，2012.基于EMD的碳市场价格影响因素多尺度分析［J］.经济学动态（6）：92-97.

朱文蔚，陈勇，2015.我国地方政府性债务风险评估及预警研究［J］.亚太经济（1）：31-36.

谌新民，葛国兴，李萍，2013.中国就业景气指数及其公共政策研究［J］.广东社会科学（3）：18-28.